U0187201

Adobe Photoshop 2020 图像处理案例课堂

王磊　马文辉　金松河　主编

清华大学出版社
北京

内 容 简 介

目前高职院校正在从纯理论教学的学历教育模式向职业技能培养的实训教育模式进行转型，并提出了"以就业为核心""以企业的需求为导向"的教育理念，这也是编写本教材的基本思路。

本书以提升学生实际应用技能为目的，通过案例制作拓展到真实的工作环境，遵循从理论到实践的原则，提升学生的综合动手能力。全书共12章，主要介绍Photoshop入门知识、选区的创建、图层的应用、文本的应用、图像的绘制、色彩和色调、通道与蒙版的应用、路径的应用、滤镜的应用、动作与任务自动化等内容。最后通过讲解宣传册的设计、创意图像的合成实操案例，帮助读者更好地运用所学知识，并达到学以致用的目的。

本书不仅可以作为各类院校相关专业学生的教材或辅导用书，还可作为社会各类Photoshop软件培训班的首选教材。

本书封面贴有清华大学出版社防伪标签。无标签者不得销售。

版权所有，侵权必究。举报：010–62782989，beiqinquan@tup.tsinghua.edu.cn。

图书在版编目（CIP）数据

Adobe Photoshop 2020 图像处理案例课堂 / 王磊, 马文辉, 金松河主编. —北京：清华大学出版社，2022.12
ISBN 978-7-302-62229-1

Ⅰ.①A… Ⅱ.①王… ②马… ③金… Ⅲ.①图像处理软件 Ⅳ.①TP391.413

中国版本图书馆CIP数据核字（2022）第228286号

责任编辑：李玉茹
封面设计：杨玉兰
责任校对：翟维维
责任印制：宋 林

出版发行：清华大学出版社
   网   址：http://www.tup.com.cn，http://www.wqbook.com
   地   址：北京清华大学学研大厦A座   邮 编：100084
   社 总 机：010-83470000   邮 购：010-62786544
   投稿与读者服务：010-62776969，c-service@tup.tsinghua.edu.cn
   质 量 反 馈：010-62772015，zhiliang@tup.tsinghua.edu.cn
   课 件 下 载：http://www.tup.com.cn，010-83470236
印 装 者：三河市君旺印务有限公司
经 销：全国新华书店
开 本：185mm×260mm 印 张：16 字 数：389千字
版 次：2022年12月第1版 印 次：2022年12月第1次印刷
定 价：79.00元

产品编号：096437-01

前 言

平面设计教学中艺术元素的融入，在很大程度上加强了中国元素与平面设计的结合。平面设计中的艺术元素之所以能成为教学中的重要内容，是因为每个时代的平面设计都具有时代性。中国传统元素的融入，加强了平面设计的寓意性，使之更具有教育意义，引导当代青年或社会大众建立正确的世界观和人生观。

本书在介绍理论知识的同时，安排了大量的课堂练习，同时还穿插了"操作技巧"和"知识拓展"模块，旨在让读者全面了解各知识点在实际工作中的应用。在每章结尾处安排了"强化训练"版块，其目的是为了巩固本章所学的内容，从而提高操作技能。

内容概要

本书知识结构安排合理，以理论与实操相结合的形式，从易教、易学的角度出发，帮助读者快速掌握Photoshop软件的使用方法。

章　节	主要内容
第1章	主要介绍Photoshop的应用领域、新增功能、工作界面、文件基本操作、图像处理的基本概念
第2章	主要介绍选区的创建、选区的基本操作、编辑选区、修饰选区
第3章	主要介绍图层的概念、图层的管理、图层的混合模式与不透明度、图层样式、样式
第4章	主要介绍文本的创建、文本格式设置、变形文字、路径文字、文字的转换
第5章	主要介绍图像绘制与填色、图像擦除工具、图像修复工具、历史记录工具、图章工具以及修饰工具
第6章	主要介绍图像色彩分布的查看、图像色调的调整、图像色彩的调整、图像特殊颜色效果的调整
第7章	主要介绍通道的类型、通道的基本操作、蒙版的类型、蒙版的基本操作
第8章	主要介绍路径的创建、路径的编辑、路径与选区的转换、描边与填充路径
第9章	主要介绍滤镜的基础知识、滤镜库、智能对象滤镜、独立滤镜组、特殊滤镜组
第10章	主要介绍动作的创建与应用、自动化处理
第11章	宣传册的设计，以综合案例的形式对前面所学知识进行巩固
第12章	创意图像的合成，以综合案例的形式对前面所学知识进行巩固

（1）案例素材及源文件

书中所用到的案例素材及源文件均可在文泉云盘同步下载，最大限度地方便读者进行实践。

（2）配套学习视频

本书涉及的疑难操作均配有高清视频讲解，并以二维码的形式提供给读者，读者只需扫描书中二维码即可下载观看。

（3）PPT教学课件

配套教学课件，方便教师授课所用。

读者群体

- **平面设计爱好者**
- **高等院校相关专业的学生**
- **想要学习平面设计知识的职场小白**
- **想要拥有一技之长的社会人士**
- **社会培训机构的师生**

本书由王磊（佳木斯大学）、马文辉（齐齐哈尔医学院）与金松河编写。其中王磊编写第1～6章，马文辉编写第7～10章，金松河编写第11～12章。在编写过程中，编者力求严谨细致，但由于时间与精力有限，疏漏之处在所难免，望广大读者批评指正。

编　者

扫 码 获 取 配 套 资 源

目录

 第1章 Photoshop入门知识

第2章 选区的创建

第3章 图层的应用

第4章 文本的应用

Photoshop

第5章 图像的绘制

第7章 通道与蒙版的应用

第8章 路径的应用

第9章 滤镜的应用

第10章 动作与任务自动化

Photoshop

第11章　宣传册的设计

第12章　创意图像的合成

第**1**章

Photoshop
入门知识

内容导读

　　Photoshop就是人们常说的Ps，是由Adobe公司开发和发行的图像处理软件。其在出版印刷、广告设计、美术创意、图像编辑等领域得到了极为广泛的应用，是平面、三维、建筑、影视后期等领域设计师必备的一款图像处理软件。本章将从应用领域到界面构成，以及基础的文件操作进行讲解，以便对该软件有初步的认识，方便接下来的学习。

要点难点

- 了解Photoshop应用领域
- 熟悉Photoshop的操作界面
- 掌握文件的基本操作
- 掌握图像处理的基本概念

1.1　初识Photoshop

　　Photoshop每年都会有新的版本出现，2020版的Ps摒弃了"CC+序列号"的命名方式，直接以Photoshop 2020命名，不仅名字更加简洁，而且功能性也更加快捷高效，日常处理图像更加轻松。

1.1.1　Photoshop的应用领域

　　利用Photoshop可以真实地再现现实生活中的场景，也可以创建出现实生活中不存在的虚幻景象。它可以完成精确的图像编辑任务，不仅可以对图像进行缩放、旋转或透视等操作，还可以修补、修饰图像，以及通过图层操作、工具应用等编辑手法，将几幅图像合成完整的、意义明确的设计作品。

　　（1）平面设计

　　平面设计是Photoshop应用最为广泛的领域，无论是图书封面，还是招贴海报，这些平面印刷品通常都需要用Photoshop软件进行处理。

　　（2）广告摄影

　　广告摄影作为一种对视觉要求非常严格的工作，其最终作品往往要经过Photoshop的修改才能得到满意的效果。

　　（3）影像创意

　　影像创意是Photoshop的强项，通过Photoshop的处理可以将不同的对象组合在一起，使图像发生变化。

　　（4）UI设计

　　网络的普及使得更多的人加入到UI设计行业中，这是现在的一个热门领域，受到越来越多的软件企业及开发者的重视。当前还没有进行界面设计的专业软件，因此绝大多数设计者都会使用Photoshop来设计制作。

　　（5）后期修饰

　　在制作建筑效果图的三维场景时，人物与配景的颜色常常需要在Photoshop中增加并调整。

　　（6）视觉创意

　　视觉创意与设计是设计艺术的一个分支，此类设计通常没有非常明显的商业目的，但由于它为广大设计爱好者提供了广阔的设计空间，因此越来越多的人开始学习Photoshop，并进行具有个人特色与风格的视觉创意。

1.1.2　Photoshop的新增功能

　　新版的Ps除了图标以及启动界面有了变化外（见图1-1），还新增并优化了很多非常实用的功能，下面将进行介绍。

学习笔记

图 1-1

（1）预设改进

新版的Ps对预设进行了重新设计，使用起来更加直观。预设库得到了扩展，分组更加清晰，可以轻松地使用颜色、渐变、形状、图案以及色板中的预设。

（2）新对象选择工具

新版的Ps在快速选择工具和魔棒工具组中添加了对象选择工具，有"矩形"和"套索"两种模式，可以使用Shift键和Alt键叠加编辑选择区域，并使用对象选择工具完成剪切，该工具适用于边缘清晰的图形。

（3）转换行为一致

在新版的Ps中，使用Ctrl+T组合键自由变换，无须按Shift键，就可实现按比例缩放变换。执行"编辑"|"首选项"|"常规"命令，在弹出的对话框中勾选"使用旧版自由变换"复选框。

（4）改进的"属性"面板

新版的"属性"面板除了基础的字符、段落、变换、对齐分布等控件外，还多了画布、标尺和网格、参考线、快速操作等功能，方便快捷，无须在多个面板和对话框中导航。

（5）智能对象到图层

将智能对象转换为组件图层，无须切换文档窗口就可以完成所有操作。修改智能对象时只需在图层上右击，在弹出的快捷菜单中选择"转换为图层"命令即可。

（6）增强的转换变形

在变形工具中内置了许多组件，可以任意添加控制点或使用自定义网格分割图像。通过执行"编辑"|"转换"|"变形"命令，可以对各个节点或较大的选区进行转换。

1.1.3 Photoshop的工作界面

启动Photoshop软件，打开任意一个图像或文件，进入其工作界面，如图1-2所示。Photoshop的工作界面主要由菜单栏、选项栏、标题栏、工具箱、图像编辑窗口、状态栏以及浮动面板组组成。

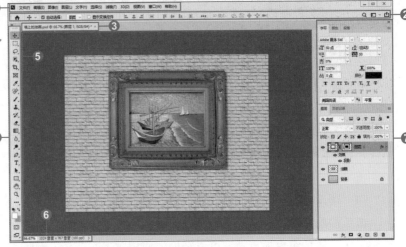

❶菜单栏 ❷选项栏
❸标题栏 ❹工具箱
❺图像编辑窗口
❻状态栏 ❼浮动面板组

图 1-2

操作技巧

执行“编辑”|“首选项”|“界面”命令或按Ctrl+K组合键，在打开的“首选项”对话框的“外观”选项组中可以对操作界面的颜色方案进行设置。

1. 菜单栏

Photoshop中的菜单栏包含文件、编辑、图像、图层、文字、选择、滤镜、3D、视图、窗口和帮助共11个菜单，如图1-3所示。使用某个命令时，需单击相应的主菜单，然后在下拉菜单列表中选择。

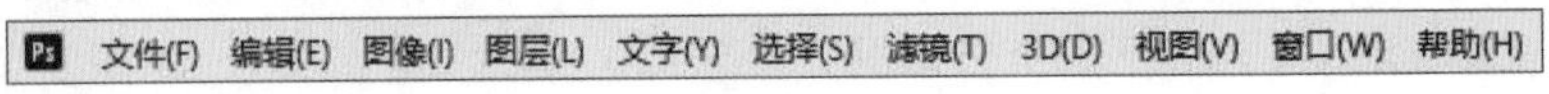

Ps
文件(F)
编辑(E)
图像(I)
图层(L)
文字(Y)
选择(S)
滤镜(T)
3D(D)
视图(V)
窗口(W)
帮助(H)

图 1-3

2. 选项栏

选项栏位于菜单栏的下方，在工具箱中选择任意一个工具后，选项栏就会显示相应的工具选项，在工具选项栏中可以对当前所选工具的参数进行设置。不同工具的选项栏也不同，如图1-4所示为对象选择工具的选项栏。

模式：
矩形
对所有图层取样
自动增强
减去对象
选择主体
选择并遮住...

图 1-4

知识拓展

一些常用的菜单命令右侧显示有该命令的快捷键，如执行“文件”|“新建”命令的快捷键为Ctrl+N，有意识地记忆一些常用命令的快捷键，可以加快操作速度，提高工作效率。

若要更改快捷键可执行“编辑”|“键盘快捷键和菜单”命令，在弹出的对话框中进行更改。

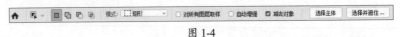

3. 标题栏

标题栏位于选项栏的下方，在标题栏中会显示文件的名称、格式、窗口缩放比例以及颜色模式等，如图1-5所示。

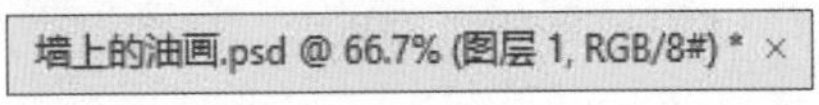

墙上的油画.psd @ 66.7% (图层 1, RGB/8#) * ×

图 1-5

4. 工具箱

默认状态下，工具箱位于图像编辑窗口的左侧，单击工具箱中的工具图标，即可使用该工具。部分工具图标的右下角有一个黑色的小三角图标，表示为一个工具组，右击工具按钮即可显示工具组中的全部工具，如图1-6所示。

图 1-6

操作技巧

在选择工具时可配合Shift键，比如按Shift+W组合键，可在对象选择工具、快速选择工具和魔棒工具之间进行切换。

5. 图像编辑窗口

图像编辑窗口是Photoshop设计作品的主要场所。针对图像执行的所有编辑功能和命令都可以在图像编辑窗口中显示。在编辑图像的过程中，可以对图像窗口进行多种操作，如改变窗口的大小和位置、对窗口进行缩放等，拖动标题栏可将其分离，如图1-7所示。

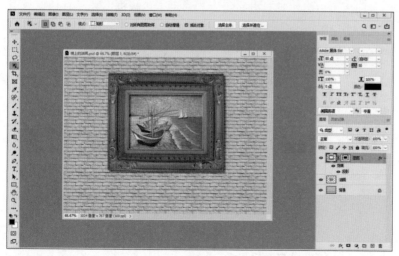

图 1-7

6. 状态栏

状态栏位于工作界面的左下方，显示图像的缩放大小和其他状态信息，单击 按钮，显示状态信息的选项，如图1-8所示。从中选择不同的选项，状态栏中将显示相应的信息内容。

- **文档大小**：显示当前所编辑图像的文档大小情况。
- **文档配置文件**：显示当前所编辑图像的模式。
- **文档尺寸**：显示当前所编辑图像的尺寸大小。
- **测量比例**：显示当前进行测量时的比例尺。
- **暂存盘大小**：显示当前所编辑图像占用暂存盘的大小情况。
- **效率**：显示当前所编辑图像操作的效率。
- **计时**：显示当前所编辑图像操作所用的时间。
- **当前工具**：显示当前编辑图像时用到的工具名称。
- **32位曝光**：编辑图像曝光只在32位图像中起作用。
- **存储进度**：显示当前文档保存的速度。
- **智能对象**：显示当前文件中智能对象的状态。
- **图层计数**：显示当前图层和图层组的数量。

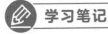

图 1-8

7. 浮动面板组

默认状态下，面板是以面板组的形式停靠在软件界面的最右侧，单击某一个面板图标，就可以打开对应的面板，如图1-9所示，单击 ≫ 按钮可以折叠面板。单击面板组右上角的 ≫ 按钮可以展开面板，如图1-10所示。单击 ◄◄ 按钮可以折叠为图标，如图1-11所示。单击面板标题空白位置，可以将面板拖出以单独显示。单击"关闭"按钮 ✖ 可以关闭面板。

面板可以自由地拆开、组合和移动，可根据需要随意地摆放或叠放各个面板，为图像处理提供便利的条件。

图 1-9

图 1-10

图 1-11

1.2 Photoshop文件基本操作

在学习如何运用Photoshop处理图像之前，应该了解软件中一些基本的文件操作命令，如新建、打开、置入以及存储文件等。

1.2.1　新建文件

启动Photoshop软件后，在开始界面的左侧单击"新建"按钮或执行"文件"|"新建"命令或按Ctrl+N组合键，都可以打开"新建文档"对话框，如图1-12所示。

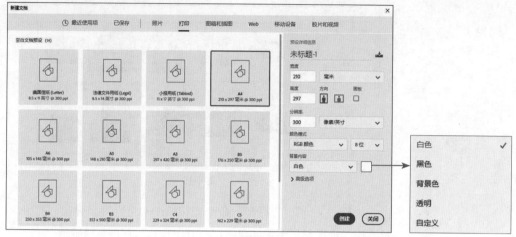

图 1-12

在"新建文档"对话框上方列出了一些常用工作场景中的不同尺寸设置，例如最近使用项、打印、移动设备等，切换到某个选项卡后，在对话框中会显示预设的尺寸，单击所需的选项，在右侧修改参数，单击"创建"按钮即可创建新文档。

"新建文档"对话框中主要选项的功能介绍如下。

● **名称：** 设置新建文件的名称，默认为"未标题-1"。

● **方向：** 设置文档为竖版或横版。

● **画板：** 像AI的工作环境一样进行编辑，即在一个PSD文件中包含多个图像文档。

● **分辨率：** 设置新建文件的分辨率，常用的单位为"像素/英寸"与"像素/厘米"。同样的打印尺寸下，分辨率高的图像更清楚、更细腻。

● **颜色模式：** 设置新建文档的颜色模式。默认为"RGB颜色"模式。

● **背景内容：** 设置背景颜色，在该下拉列表框中有白色、黑色、背景色、透明以及自定义几个选项。

1.2.2　打开文件

启动Photoshop软件后，在开始界面右侧的"最近使用项"下的文档缩览图中单击可打开文档。

单击"打开"按钮，在弹出的对话框中选择目标图像，单击"打开"按钮，如图1-13所示。

图 1-13

执行"文件"|"打开"命令或按Ctrl+O组合键，弹出"打开"对话框，选择目标图像，单击"打开"按钮，如图1-14所示。

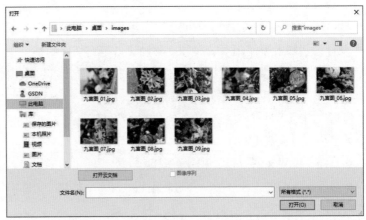

图 1-14

执行"文件"|"最近打开文件"命令，在弹出的子菜单中会列出最近打开的图像文件，选择文件名称即可快速打开对应的文件。

1.2.3 置入文件

"置入"命令可以将照片、图片或任何Photoshop支持的文件以智能对象的格式添加到文档中。可以对智能对象进行缩放、定位、斜切、旋转或变形操作，而不会降低图像的质量。

执行"文件"|"置入嵌入对象"命令，在弹出的"置入嵌入的对象"对话框中选中需要的文件，单击"置入"按钮。在置入文件时，置入的文件默认被放置在画布的中间，且文件会保持原始长宽比，如图1-15所示。

💡 **操作技巧**

直接将文档拖动至Ps中也可以打开文件。

图 1-15

知识拓展

置入的文件默认为智能对象，可在操作完成后栅格化智能对象，以减少硬件设备的负担。若要将置入的图像变为普通图层，可在"首选项"对话框的"常规"选项卡中取消勾选"在置入时始终创建智能对象"复选框，如图1-16所示。

图 1-16

1.2.4 存储文件

以当前文件的格式保存文档，执行"文件"|"存储"命令或按Ctrl+S组合键，新保存的文档会覆盖原始文档。

要以不同格式或不同文件名进行保存，执行"文件"|"存储为"命令或按Ctrl+Shift+S组合键，弹出"另存为"对话框。在"文件名"下拉列表框中输入新名称，在"保存类型"下拉列表框中选择文件的保存格式，如图1-17所示。

图 1-17

1.2.5 关闭文件

文件保存后，若不需再进行操作，便可关闭文件。关闭文件有

9

以下几种方法：单击图像标题栏最右端的"关闭"按钮 × ；执行 "文件"|"关闭"命令，或按Ctrl+W组合键，关闭当前图像文件；执行"文件"|"全部关闭"命令，或按Ctrl+Shift+W组合键，关闭工作区中打开的所有图像文件；执行"文件"|"退出"命令，或按Ctrl+Q组合键，退出Photoshop应用程序。

如果在关闭图像文件之前，没有保存修改过的图像文件，系统将弹出如图1-18所示的提示对话框，询问用户是否保存对文件所做的修改，根据需要单击相应的按钮即可。

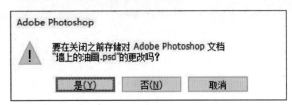

图 1-18

课堂练习 ▎新建并置入、存储文件

此次课堂练习将新建文件、置入文件以及存储文件。综合练习本小节的知识点，熟练掌握文件的基本操作。

步骤 01 按Ctrl+N组合键新建文档，在弹出的对话框中设置参数，如图1-19所示。

步骤 02 执行"文件"|"置入嵌入对象"命令，在弹出的对话框中选择"素材花"文件置入，如图1-20所示。调整大小后按Enter键完成置入。

图 1-19

图 1-20

步骤 03 置入"素材蜜蜂"文件，调整大小和位置后按Enter键完成置入，如图1-21所示。

步骤 04 按Ctrl+Shift+S组合键，在弹出的对话框中设置文件名为"蜜蜂与花"，文件格式默认为PSD，如图1-22所示。

图 1-21

图 1-22

1.3 图像处理的基本概念 ////////////////

在本小节中将介绍一些关于图形图像的基本概念，这样有助于读
者对软件的进一步学习，也是步入软件学习和作品创建的必要条件。

1.3.1 位图和矢量图

Photoshop主要是针对位图的编辑处理，位图是用像素点阵方法
记录图像内容。除了位图，另一种则是通过数学方法记录图像内容，
即矢量图。

1. 位图图像

位图图像由许许多多被称为像素的点所组成，这些不同颜色的
点按照一定的次序排列，就组成了色彩斑斓的图像，如图1-23所示。
图像的大小取决于像素的数目，图像的颜色取决于像素的颜色。文
件保存为位图时，能够记录下每一个点的数据信息，因而可以精确
地记录色调丰富的图像，达到照片般的品质。位图图像可以很容易
地在不同软件之间切换，但在缩放和旋转时会产生失真现象，同时
位图文件较大，对内存和硬盘空间容量的需求也较高。

2. 矢量图形

矢量图形又称向量图，是以线条和颜色块为主构成的图形，如
图1-24所示。矢量图形与分辨率无关，而且可以任意改变大小在进
行输出时，图片的质量也不会受影响。矢量图形文件所占的磁盘空

学习笔记

11

间比较少，特别适合于网络传输，也经常被应用在标志设计、插图设计以及工程绘图等专业设计领域。与位图相比，矢量图的色彩相对单调，无法像位图一样真实地表现自然界的颜色变化。

图 1-23

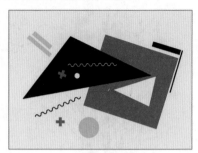

图 1-24

1.3.2 分辨率

学习笔记

分辨率在数字图像的显示及打印等方面，起着至关重要的作用，常以"宽×高"的形式来表示。一般情况下，分辨率分为图像分辨率、屏幕分辨率以及打印分辨率。

1. 图像分辨率

图像分辨率通常以"像素/英寸"来表示，是指图像中每单位长度含有的像素数目。分辨率高的图像比相同打印尺寸的低分辨率图像包含更多的像素，因而图像会更加清楚、细腻，分辨率越大，图像文件就越大，在进行处理时所需的内存和CPU处理时间也就越多。

2. 屏幕分辨率

屏幕分辨率是指显示分辨率，即显示器上每单位长度显示的像素或点的数量，通常以"点/英寸（dpi）"来表示。显示器分辨率取决于显示器的大小及其像素设置。在计算机的显示设置中会显示推荐的显示分辨率，如图1-25所示。

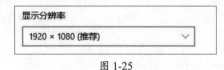

图 1-25

3. 打印分辨率

激光打印机（包括照排机）等输出设备产生的每英寸油墨点数（dpi）就是打印分辨率。大部分桌面激光打印机的分辨率为300～600dpi，而高档照排机能够以1200dpi或更高的分辨率进行打印。

课堂练习 **调整图像分辨率**

此次课堂练习将通过更改图像分辨率来更改图片的显示大小。综合练习本小节的知识点，熟练掌握图像大小的调整。

步骤 01 将素材图像拖入Photoshop中，如图1-26所示。

步骤 02 执行"图像"|"图像大小"命令，弹出"图像大小"对话框，如图1-27所示。

图 1-26

图 1-27

步骤 03 单击 🔒 按钮取消约束比例，更改参数设置，如图1-28所示。

步骤 04 单击"确定"按钮，效果如图1-29所示。

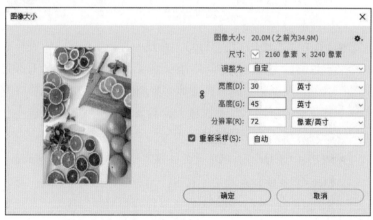

图 1-28

图 1-29

🔍 **知识拓展**

在"图像大小"对话框中可对图像的尺寸进行设置，主要选项的功能介绍如下。

● **图像大小**：单击 ⚙ 按钮，可以选中"缩放样式"复选框。当文档中的某些图层包含图层样式时，选中"缩放样式"复选框，可以在调整图像大小时自动缩放样式效果。

● **尺寸**：显示图像当前尺寸。单击尺寸右边的 ﹀ 按钮可以从尺寸列表中选择尺寸单位，如百分比、像素、英寸、厘米、毫米、点、派卡。

● **调整为**：在该下拉列表框中可选择Photoshop的预设尺寸。

● **宽度/高度/分辨率**：设置文档的宽度、高度、分辨率，以确定图像的大小。

● **重新采样**：在该下拉列表框中可选择采样插值方法。

1.3.3　图像格式

　　图像文件有多种存储格式，对于同一幅图像，有的文件小，有的文件则非常大，这是因为文件的压缩形式不同。Photoshop可以支持包括PSD、BMP、EPS、TIF等20多种文件存储格式。

　　下面介绍几种常用的文件格式。

- **PSD（*.PSD）**：该格式是Photoshop软件的专用格式，支持通道、路径、剪贴路径和图层等，还支持Photoshop使用的任何颜色深度和图像模式，适用于需要再次编辑的文档。

- **BMP（*.BMP）**：BMP是Windows平台标准的位图格式，适用于很多软件。BMP格式支持RGB、索引颜色、灰度和位图颜色模式，不支持CMYK颜色模式，也不支持Alpha通道。

- **GIF（*.GIF）**：GIF格式也是通用的图像格式之一。GIF采用两种保存格式，一种为"正常"格式，可以支持透明背景和动画格式；另一种为"交错"格式，可让图像在网络上由模糊逐渐转为清晰。

- **EPS（*.EPS）**：EPS是Encapsulated PostScript首字母的缩写。EPS可同时包含像素信息和矢量信息，是一种通用的行业标准格式。在Photoshop中打开其他应用程序创建的包含矢量图形的EPS文件时，会对此文件进行栅格化，将矢量图形转换为像素。

- **JPEG（*.JPEG）**：JPEG文件是一种高压缩比、有损压缩真彩色图像文件格式。JPEG格式保留RGB图像中的所有颜色信息，以失真最小的方式去掉一些细微数据。JPEG图像在打开时自动解压缩。压缩比越大，品质就越低；压缩比越小，品质就越好。

- **PDF（*.PDF）**：PDF（可移植文档格式）是用于Windows、Mac OS和DOS系统的一种电子出版软件的文档格式。与Post-Script页面一样，PDF文件可以包含位图和矢量图，还可以包含电子文档查找和导航功能，例如电子链接。在Photoshop中打开其他应用程序创建的PDF文件时，将对文件进行栅格化。

- **PNG（*.PNG）**：PNG是Portable Network Graphics（轻便网络图形）的缩写，是Netscape公司专为互联网开发的网络图像格式，可以保存24位的真彩色图像，并且支持透明背景和消除锯齿边缘的功能，可以在不失真的情况下压缩保存图像。

- **TIFF（*.TIFF）**：TIFF是印刷行业标准的图像格式，通用性很强，被广泛用于程序之间和计算机平台之间图像数据的交换。TIFF格式支持RGB、CMYK、Lab、索引颜色、位图和灰度颜色模式，并且在RGB、CMYK和灰度三种颜色模式中还支持使用通道、图层和路径。

1.3.4 图像色彩模式

Photoshop中的颜色模式有8种，分别为位图模式、灰度模式、双色调模式、RGB模式、CMYK模式、索引颜色模式、Lab颜色模式和多通道模式。其中，Lab包括RGB和CMYK色域中的所有颜色，具有最宽的色域。

1. CMYK 模式

CMYK模式是指青色（C）、洋红（M）、黄色（Y）和黑色（K），该模式吸收所有的颜色并生成黑色，所以也被称为减色模式。C、M、Y分别是红、绿、蓝的互补色。由于Black中的B也可以代表Blue（蓝色），所以为了避免歧义，黑色用K代表。

2. RGB 模式

新建的Photoshop文档默认为RGB模式，RGB模式是指红色（R）、绿色（G）和蓝色（B），由于RGB颜色合成可以产生白色，所以也称为加色模式，一般适用于计算机屏幕显示。R、G、B的取值介于0（黑色）和255（白色）之间，当这三个分量的值相等时，结果是中性灰色。

3. 灰度模式

灰度色彩模式的图像中只有灰度，而没有色度、饱和度等彩色信息。灰度模式的图像由256级的灰度组成。图像的每一个像素都可以用0～255之间的亮度来表现，所以其色调表现力较强，在此模式下的图像质量比较细腻。

4. Lab 颜色模式

Lab颜色由亮度分量和两个色度分量组成。L代表亮度分量，范围为0～100。a分量表示从绿色到红色的光谱变化，b分量表示从蓝色到黄色的光谱变化。该模式是目前包括颜色数量最广的模式，其最大的优点是颜色与设备无关，无论使用什么设备创建或输出图像，该颜色模式产生的颜色都可以保持一致，是接近真实世界颜色的一种色彩模式。

知识拓展

在印刷时应使用CMYK模式，将RGB图像转换为CMYK模式会产生分色。若在设计制作时是RGB模式，则最好先在该模式下完成编辑，在处理结束时再转换为CMYK模式即可。在RGB模式下，执行"视图"|"校样颜色"命令模拟CMYK转换后的效果，查看过后，再次执行"校样颜色"命令即可返回RGB颜色模式。用户也可以使用CMYK模式直接处理从高端系统扫描或导入的CMYK图像。

强化训练

1. 项目名称

将PSD文档存储为PNG格式图像。

2. 项目分析

配合办公组的工作，需将PSD文件中的素材保存为PNG格式的透明图像，便于后期制作PPT使用。将PSD文档中的素材分别隐藏和显示，执行存储命令保存为透明的PNG格式。

3. 项目效果

项目效果如图1-30、图1-31所示。

图 1-30

图 1-31

4. 操作提示

①打开素材文档，只显示一个图层，将其他的图层隐藏。

②保存图像时，在"保存类型"下拉列表框中选择PNG格式。

③使用相同的方法，将剩下的两个图层保存为PNG格式的图像。

第**2**章

选区的创建

内容导读

在Photoshop中，若要对图像的局部进行调整和修饰，就需要指定一个范围，也就是需要创建选区。选取范围的优劣、准确与否，都与图像编辑的成败有着密切的关系，如何有效地、精确地创建选区，是提高工作效率和图像质量、创作生动活泼作品的前提。

要点难点

- 熟悉创建选区的工具
- 掌握不同选区的创建方法
- 掌握选区的基本操作
- 掌握选区的编辑与修饰

2.1 创建选区 //

Photoshop提供了大量用于创建选区的工具和命令，使用这些工具和命令可以绘制选区并编辑选区。

2.1.1 规则形状选取工具

使用选框工具组中的工具可以创建规则形状的选区，该工具组中包含四个工具：矩形选框工具 ⬚、椭圆选框工具 ⬭、单行选框工具 ▭ 和单列选框工具 ▯。

1. 矩形选框工具 ────────────────────────────

在工具箱中单击矩形选框工具 ⬚，在图像窗口中按住鼠标左键拖动，释放鼠标左键即可创建一个矩形选区，如图2-1所示。

使用矩形选框工具创建选区时，按住Shift键进行拖动可创建正方形选区，如图2-2所示。按住Shift+Alt组合键拖动可创建以起点为中心的正方形选区。

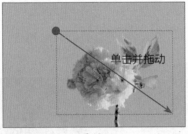
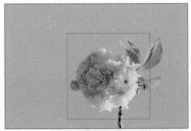

图 2-1   图 2-2

课堂练习 **重构图像显示**

此次课堂练习将使用矩形选框工具通过拉伸对图像的显示比例进行重构。综合练习本小节的知识点，熟练掌握矩形选框工具的使用。

步骤 01 将素材图像拖入Photoshop中，如图2-3所示。

步骤 02 按Ctrl+J组合键复制图层，如图2-4所示。

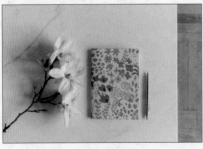

图 2-3   图 2-4

步骤 03 选择矩形选框工具，按住鼠标左键拖动绘制选区，如图2-5所示。

步骤 04 按Ctrl+T组合键自由变换，按住Shift键水平向右拖动调整显示，按Ctrl+D组合键取消选区，如图2-6所示。

图 2-5   图 2-6

2. 椭圆选框工具

在工具箱中选择矩形选框工具 ，右击鼠标，在弹出的快捷菜单中选择椭圆选框工具，在图像窗口中按住鼠标左键拖动，释放鼠标左键即可创建一个椭圆选区，如图2-7所示。如果按住Shift键拖动，可创建正圆形选区，如图2-8所示。按住Shift+Alt组合键拖动，可创建以起点为中心的正圆形选区。

学习笔记

图 2-7   图 2-8

3. 单行和单列选框工具

选择单行选框工具 ━ 或单列选框工具 ▮，直接在图像中单击即可创建一个像素高度或宽度的选区，将这些选区填充颜色，可以得到水平或垂直直线。

2.1.2 不规则形状选取工具

所谓不规则形状选取工具，是指在创建选区时自由绘制或根据图像颜色来创建选区的工具。常用的工具包括套索工具组和魔棒工具组。

1. 套索工具组

套索工具组包括套索工具、多边形套索工具和磁性套索工具，可以通过手工绘制的方法创建选区。

（1）套索工具

使用套索工具可以自由地创建不规则形状选区。在工具箱中选择套索工具 ⌀ 后，在图像窗口中按住鼠标左键沿着要选择的区域拖动，当绘制的线条完全包含选择范围后释放鼠标，即可得到所需选区，如图2-9、图2-10所示。

在绘制过程中，在任意位置双击鼠标也会自动在起点和终点之间生成一条连线作为多边形选区的最后一条边。在释放鼠标之前，按Esc键可取消绘制。

操作技巧

在使用套索工具时，按Alt键可以切换为多边形套索工具。

图 2-9　　　　　　　　　　　　　　　图 2-10

（2）多边形套索工具

使用多边形套索工具可创建不规则形状的多边形选区。选择多边形套索工具 ⯒，单击创建起始点，沿着要创建选区的轨迹依次单击鼠标创建其他端点，最后将鼠标指针移动到起始点，当鼠标指针变成 ⯒ 形状时单击创建选区，如图2-11、图2-12所示。若不回到起点，在任意位置双击鼠标也会自动在起点和终点之间生成一条连线作为多边形选区的最后一条边。

操作技巧

使用多边形套索工具创建选区时，按Delete键可删除绘制的锚点。

图 2-11　　　　　　　　　　　　　　　图 2-12

（3）磁性套索工具

磁性套索工具适用于快速选择与背景对比强烈且边缘复杂的对象。选择磁性套索工具 ⯒，显示其选项栏，如图2-13所示。在选项栏中设置羽化、对比度、频率等参数，可以更加精确地确定选区。

图 2-13

磁性套索工具选项栏中主要选项的功能介绍如下。

● **羽化**：设置选区边缘的柔化程度。

● **宽度**：指定磁性套索工具在选取时光标两侧的检测宽度，取值范围为0～256像素，数值越大，所要查寻的颜色就越相似。

● **对比度**：指定磁性套索工具在选取时对图像边缘的灵敏度，可以输入一个1%～100%之间的值。较高的数值将只检测与其周边对比鲜明的边缘，较低的数值将检测低对比度边缘。

● **频率**：用于设置磁性套索工具自动插入的锚点数，取值范围为0～100，数值越大生成的锚点数也就越多，能更快地固定选区边框。

选择磁性套索工具 ，移动光标至图像边缘单击确定第一个锚点，沿着图像的边缘移动鼠标并自动生成锚点，当鼠标指针回到起始点变为 形状时单击即可创建出精确的不规则选区，如图2-14、图2-15所示。

图 2-14

图 2-15

操作技巧

使用磁性套索工具绘制选区时，单击鼠标可手动增加锚点，按Delete键可删除锚点。

课堂练习 **快速抠取主体物**

此次课堂练习将使用磁性套索工具抠取主体与背景颜色相差较大的图像。综合练习本小节的知识点，熟练掌握磁性套索工具的使用。

步骤 01 将素材图像拖入Photoshop中，如图2-16所示。

步骤 02 使用磁性套索工具沿主体物边缘绘制选区，如图2-17所示。

图 2-16

图 2-17

步骤 03 按Ctrl+J组合键复制选区，在"图层"面板中隐藏背景图层，如图2-18所示。

步骤 04 效果如图2-19所示。

图 2-18

图 2-19

② 魔棒工具组

魔棒工具组包括对象选择工具、快速选择工具和魔棒工具，可根据图像颜色的变化手动创建选区。

（1）对象选择工具

对象选择工具适用于处理定义明确的对象区域，只需在对象周围绘制矩形区域或套索，对象选择工具就会自动选择已定义区域内的对象。选择对象选择工具 ，显示其选项栏，如图2-20所示。

图 2-20

对象选择工具选项栏中主要选项的功能介绍如下。

● **模式：** 选择"矩形"或"套索"模式手动定义对象周围区域。

● **自动增强：** 勾选该复选框，自动增强选区边缘。

● **减去对象：** 勾选该复选框，在定义区域内查找并自动减去对象。

● **选择主体：** 单击该按钮，从图像中最突出的对象创建选区。

选择对象选择工具 ，将模式设置为"矩形"，在对象周围拖动鼠标绘制选区，如图2-21所示。系统自动识别选择区域内的对象，如图2-22所示。

图 2-21

图 2-22

（2）快速选择工具

快速选择工具利用可调整的圆形画笔笔尖快速创建选区，在选择颜色差异大的图像时会非常直观、快捷。在使用该工具绘制时，选区会向外扩展并自动查找和跟随图像中定义的边缘。

在工具箱中选择快速选择工具 ，在需要选择的图像上单击并拖动鼠标，创建选择区域，如图2-23所示。按住Shift键可添加选区，如图2-24所示，按住Alt键可减去选区。

图 2-23

图 2-24

学习笔记

（3）魔棒工具

使用魔棒工具可以选择颜色一致的区域，而不必跟踪其轮廓，只需在图像中颜色相近区域单击即可快速选择色彩差异的图像区域。

选择魔棒工具 ，显示其选项栏，如图2-25所示。

图 2-25

魔棒工具选项栏中主要选项的功能介绍如下。

- **容差**：输入0～255之间的数值，确定选取的颜色范围。值越小，选取的颜色范围与鼠标单击位置的颜色越相近，选取范围也越小；值越大，选取的相邻颜色越多，选取范围就越大。

- **消除锯齿**：勾选该复选框，可消除选区的锯齿边缘。

- **连续**：勾选该复选框，在选取时仅选取与单击处相邻的、容差范围内的颜色相近区域；否则，会将整幅图像或图层中容差范围内的所有颜色相近的区域选中，而不管这些区域是否相邻。

- **对所有图层取样**：勾选该复选框，将在所有可见图层中选取容差范围内的颜色相近区域；否则，仅选取当前图层中容差范围内的颜色相近区域。

选择魔棒工具 ，将鼠标移动到需要创建选区的图像中，当鼠标指针变为 形状时单击即可快速创建选区，如图2-26、图2-27所示。

图 2-26   图 2-27

2.1.3 选区命令

使用选区命令可快速创建选区，如"选择"命令下的子命令：色彩范围和主体。

（1）色彩范围

"色彩范围"命令与魔棒工具类似，都是根据颜色容差范围来创建选区。执行"选择"|"色彩范围"命令，打开"色彩范围"对话框。打开对话框后，移动鼠标到图像文件中，鼠标指针变为吸管工具，此时可在需要选取的图像颜色上单击，对话框内预览框中白色部分即选中的图像，黑色是选区以外的部分，灰色是半透明区域，如图2-28所示。

学习笔记

图 2-28

"色彩范围"对话框中主要选项的功能介绍如下。

● **选择**：用于选择预设颜色。

● **颜色容差**：用于设置选择颜色的范围，数值越大，选择颜色的范围越大；反之，选择颜色的范围就越小。拖动下方滑动条上的滑块可快速调整数值。

● **预览区**：用于预览效果。选中"选择范围"单选按钮，预览区中的白色表示被选择的区域，黑色表示未被选择的区域；选中"图像"单选按钮，预览区内将显示原图像。

● **吸管工具组** ▨ ▨ ▨：用于在预览区中单击取样颜色，▨ 和 ▨ 工具分别用于增加和减少选择的颜色范围。

（2）主体

使用"主体"命令可自动选择图像中最突出的主体。执行"选择"|"主体"命令，可快速选择主体，如图2-29、图2-30所示。

图 2-29

图 2-30

2.2 选区的基本操作

创建选区后，可在现有选区的基础上继续编辑，如全选、反选选区、移动选区或存储选区等。

2.2.1 全选与反选

执行"选择"|"全选"命令或按Ctrl+A组合键可以选中整个画布内的所有图像。

在图像中创建选区后，要想选择该选区以外的像素，可执行"选择"|"反向"命令或按Ctrl+Shift+I组合键，如图2-31、图2-32所示。

图 2-31

图 2-32

2.2.2 移动选区

使用任意选区工具创建选区后，在选项栏中单击"新选区"按钮（其他选区工具都是），当鼠标指针变为时可任意移动选区，在移动选区时不会影响图像本身效果，如图2-33、图2-34所示。按键盘上的左右键可以每次1像素的增量移动选区，按住Shift键的同时按键盘左右键可以每次10像素的增量移动选区。

图 2-33   图 2-34

2.2.3　存储与载入选区

创建选区后，可将其保存起来，以便在需要时重新载入使用。执行"选择"|"存储"|"选区"命令，打开"存储选区"对话框，如图2-35所示。在"名称"文本框中输入名称，单击"确定"按钮即可将选区存储在通道中，如图2-36所示。

💡 **操作技巧**

创建选区后，按住Ctrl键剪贴并移动选区。

图 2-35   图 2-36

将选区保存在通道后，可以将选区删除进行其他操作。

当想要再次借助该选区进行其他操作时，右击鼠标，在弹出的快捷菜单中选择"载入选区"命令或执行"选择"|"载入选区"命令，打开"载入选区"对话框，如图2-37所示，在"通道"下拉列表框中指定通道名称即可。

当画布中已经存在一个选区时，执行"选择"|"载入选区"命令，该对话框中的"操作"选项组将变为可用状态，此时可根据需要选择将载入的选区添加到现有选区或是从现有选区中减去等操作，如图2-38所示。

图 2-37   图 2-38

2.3　编辑选区

　　除了一些基础的选区操作外，还可以对创建的选区进行再次编辑，例如自由变换、变换选区、修改选区、选区运算以及选择并遮住。

2.3.1　自由变换

　　自由变换是对选定的图像区域进行变换，创建选区后右击鼠标，在弹出的快捷菜单中选择"自由变换"命令或按Ctrl+T组合键，在选区的四周会出现调整控制框，如图2-39所示，可进行缩放、旋转操作。按住Alt键单击控制点可斜切调整，如图2-40所示。

图 2-39

图 2-40

💡 操作技巧

　　在选项栏中单击"在自由变换和变形模式之间切换"按钮 🔄 可切换到变形模式；再次单击该按钮可返回到自由变换模式。

2.3.2　变换选区

　　变换选区与自由变换比较相似，变换选区只是对选区进行变换，选区内的图像保持不变。

　　创建选区后右击鼠标，在弹出的快捷菜单中选择"变换选区"命令或执行"选择"|"变换选区"命令，在选区的四周出现调整控制框，如图2-41所示。移动控制框上的控制点即可调整选区的形状，默认情况下是等比缩放。按住Alt键可以对选区进行旋转、缩放、斜切等操作。按住Ctrl键拖动控制点可自由变换选区，如图2-42所示。

图 2-41

图 2-42

🔍 知识拓展

　　使用"变换选区"与"自由变换"两种变换模式，右击鼠标时，在弹出的快捷菜单中可选择缩放、旋转、斜切、扭曲、透视以及变形命令。

课堂练习 ▸ 替换屏幕背景

此次课堂练习将使用多边形套索工具创建选区，置入素材图像后用变换选区命令重合选区并创建剪贴蒙版，以达到替换屏幕的效果。综合练习本小节的知识点，熟练掌握多边形套索工具以及变换选区命令的使用方法。

步骤 01 将素材图像拖入Photoshop中，如图2-43所示。

步骤 02 选择多边形套索工具沿屏幕边缘绘制选区，如图2-44所示。

图 2-43

图 2-44

步骤 03 按Ctrl+J组合键复制选区，如图2-45所示。

步骤 04 置入素材图像，如图2-46所示。

图 2-45

图 2-46

步骤 05 按住Alt键拖动四个控制点调整选区的形状，如图2-47所示。

步骤 06 按Ctrl+Shift+G组合键创建图层蒙版，如图2-48所示。

图 2-47

图 2-48

步骤 07 按Ctrl+T组合键自由变换，如图2-49所示。

步骤 08 按Enter键确认操作，最终效果如图2-50所示。

图 2-49　　　　　　　　　　　　　　图 2-50

2.3.3　修改选区

创建选区后可以对选区进行调整，例如调整边界、平滑、扩展、收缩和羽化等。

学习笔记

1. "边界"命令

使用"边界"命令可将原选区转换为以选区边界为中心的指定宽度的新选区。创建选区后的图形如图2-51所示。执行"选择"|"修改"|"边界"命令，打开"边界选区"对话框，可设置"宽度"参数调整选区的宽度，如图2-52、图2-53所示。

图 2-51　　　　　　　　　　图 2-52　　　　　　　　　　图 2-53

2. "平滑"命令

平滑选区是指调节选区的平滑度，清除选区中的杂散像素以及平滑尖角和锯齿。创建选区，如图2-54所示。执行"选择"|"修改"|"平滑"命令，在打开的"平滑选区"对话框中设置"取样半径"参数，该数值越大，选区转角处越平滑，如图2-55、图2-56所示。

图 2-54　　　　　　　　　　图 2-55　　　　　　　　　　图 2-56

3. **"扩展"命令**

扩展选区即按特定数量的像素扩大选择区域，精确扩展选区的范围。创建选区，如图2-57所示。执行"选择"|"修改"|"扩展"命令，在打开的"扩展选区"对话框中设置"扩展量"参数，该数值越大，选区就越大，如图2-58、图2-59所示。

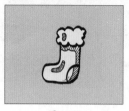

| 图 2-57 | 图 2-58 | 图 2-59 |

4. **"收缩"命令**

"收缩"命令与"扩展"命令相反，收缩选区即按特定数量的像素缩小选择区域，通过收缩选区命令可去除一些图像边缘杂色，让选区变得更精确。创建选区，如图2-60所示，执行"选择"|"修改"|"收缩"命令，在打开的"收缩选区"对话框中设置"收缩量"参数，该数值越大，收缩范围就越大，如图2-61、图2-62所示。

| 图 2-60 | 图 2-61 | 图 2-62 |

5. **"羽化"命令**

羽化是为选区边缘添加由选区中心向外渐变的半透明效果，以模糊选区的边缘。创建选区，如图2-63所示，执行"选择"|"修改"|"羽化"命令或按Shift+F6组合键，在打开的"羽化选区"对话框中设置"羽化半径"参数，按Ctrl+J组合键复制图像，可以看到复制边缘的羽化效果，如图2-64、图2-65所示。

知识拓展

使用选区工具创建选区前，在其对应选项栏的"羽化"文本框中输入一定数值后再创建选区，这时创建的选区将带有羽化效果。

| 图 2-63 | 图 2-64 | 图 2-65 |

2.3.4 选区运算

这里所说的选区运算，其实就是在创建选区时，通过更改选项，在现有选区基础上绘制新选区时更改其形状,比如添加选区范围或是减去选区范围等。Photoshop中绝大多数创建选区的工具选项栏中均有这些选项,如图2-66所示。

图 2-66

图2-66所示选项栏中主要选项的功能介绍如下。

- **新选区** : 默认选项,选择该选项,每一次绘制都是一个全新范围的选区。
- **添加到选区** : 选择该选项后,可在绘制新选区时,保留之前绘制的选区。
- **从选区减去** : 选择该选项后,可在绘制新选区时,从现有选区中减去新绘制的选区范围。
- **与选区交叉** : 选择该选项后,在绘制选区时,新选区与原选区重叠的部分将保留,其他部分将去除。

💡 **操作技巧**

在绘制选区时,如果当前选中的是"新选区"按钮:按住Shift键,可在现有选区下添加新的选区范围;按住Alt键,可从现有选区中减去新绘制的选区范围;按住Alt+Shift组合键,绘制新选区范围时,只保留与原有选区重叠的部分。

2.3.5 选择并遮住

选择并遮住功能可以创建细致的选区范围,从而更好地将图像从繁杂的背景中抠取出来。在Photoshop中打开一幅图片,执行以下任意一种操作可进入选择并遮住工作区。

- 执行"选择"|"选择并遮住"命令。
- 在工具箱中选择任意创建选区的工具,然后在对应的选项栏中单击"选择并遮住"按钮。
- 当前图层若添加了图层蒙版,选中图层蒙版缩略图,在"属性"面板中单击"选择并遮住"按钮。

选择"选择并遮住"命令,弹出"选择并遮住"工作区,左侧为工具栏,中间为图像编辑操作区域,右侧为可调整的选项设置区域,如图2-67所示。

💡 **操作技巧**

在键盘上按Ctrl+Alt+R组合键,可快速进入选择并遮住工作区。

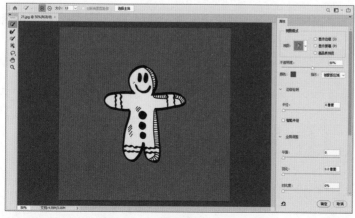

图 2-67

选择并遮住工作区中主要选项的功能介绍如下。

- **快速选择工具** ：单击或单击并拖动要选择的区域时，可根据图像颜色和纹理相似性进行选择。在该选项栏中可单击"选择主体"按钮快速识别主体。
- **调整边缘画笔工具** ：可精确调整选区边缘。若需要在选区中添加诸如毛发类的细节，可在视图中右击鼠标，在弹出的面板中将"硬度"参数设置小一些或设置为0。
- **画笔工具** ：在选项栏中可选择两种方式微调选区："扩展检测区域"模式 ，直接绘制想要的选区；"恢复原始边缘"模式 ，从当前选区中减去不需要的选区。
- **对象选择工具** ：在定义的区域内查找并自动选择一个对象。
- **套索工具** ：使用该工具可以手动绘制选区。
- **抓手工具** ：在图像的不同部位之间平移。
- **缩放工具** ：放大或缩小图像的视图。

选区创建完毕后，在"视图模式"选项组中可以设置视图模式，如图2-68所示。

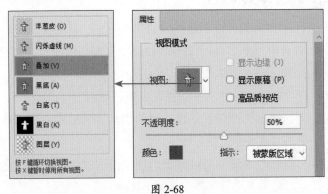

图 2-68

- **视图**：该下拉列表中包括7种选区视图，单击不同的选区视图得到的展示效果也不相同。按F键可以在各个模式之间循环切换，按X键可以暂时禁用所有模式。

在"边缘检测"选项组中有两个选项，可以轻松地抠出细密的毛发，如图2-69所示。

图 2-69

- **半径**：该参数决定选区边界周围的区域。增加半径可以在包含柔化过渡或细节的区域中创建更加精确的选区边界，比如模糊边界。

在"全局调整"选项组中有四个选项，可对选区进行平滑、羽化和扩展等处理，如图2-70所示。

图 2-70

- **平滑**：减少选区边界中的不规则区域，创建更加平滑的轮廓。
- **羽化**：在选区及其周围像素之间创建柔化边缘过渡，输入一个值或移动滑块以定义羽化边缘的宽度（0～250像素）。
- **对比度**：锐化选区边缘并去除模糊的不自然感。
- **移动边缘**：收缩或扩展选区边界。扩展选区对柔化边缘选区进行微调很有用，收缩选区有助于从选区边缘移去不需要的背景色。

在"输出设置"选项组中有三个选项，主要用来消除选区边缘杂色以及设置选区的输出方式，如图2-71所示。

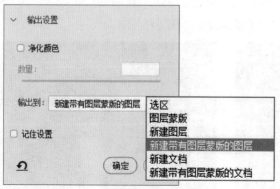

图 2-71

- **净化颜色**：将彩色边替换为附近完全选中的像素的颜色。颜色替换的强度与选区边缘的软化度是成比例的。调整滑块可更改净化量。默认值为 100%（最大强度）。由于此选项更改

了像素颜色，因此它需要输出到新图层或文档。可保留原始
图层，这样就可以在需要时恢复到原始状态。

- **输出到：** 设置输出选项，在该下拉列表框中可以选择选区、
图层蒙版、新建图层等选项。
- **记住设置：** 勾选该复选框，可存储设置，用于以后的图像处理。

课堂练习 **抠取毛绒宠物**

此次课堂练习将在"选择并遮住"工作区抠取毛发较多的宠物。综合练习本小节的知识点，熟
练掌握"选择并遮住"工作区中各工具的使用以及输出的设置。

步骤 01 将素材图像拖入Photoshop中，如图2-72所示。

步骤 02 选择任意选取工具，在选项栏中单击"选择并遮住"按钮创建并调整选区，如图2-73
所示。

图 2-72   图 2-73

步骤 03 在选项栏中单击"选择主体"按钮快速识别主体，如图2-74所示。

步骤 04 选择调整边缘画笔工具，沿边缘毛发涂抹，如图2-75所示。

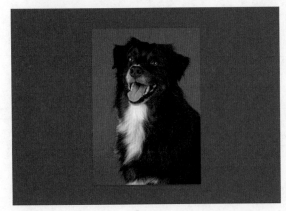 

图 2-74   图 2-75

步骤 05 在右侧"属性"面板中设置"输出设置"参数，如图2-76所示。

步骤 06 设置完成后单击"确定"按钮，如图2-77所示。

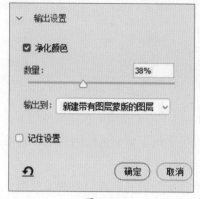

图 2-76　　　　　　　　　　图 2-77

步骤 07 置入素材图像并调整大小，如图2-78所示。

步骤 08 在"图层"面板中调整图层顺序，如图2-79所示。

步骤 09 选择"背景 拷贝"图层，按Ctrl+T组合键自由变换，按Enter键完成调整，如图2-80所示。

图 2-78　　　　　　　图 2-79　　　　　　　图 2-80

2.4　修饰选区

在Photoshop中创建选区后，可对选区进行颜色填充以及描边等操作。

2.4.1　选区填充

选区创建完毕后，执行"编辑"|"填充"命令，打开"填充"对话框，如图2-81所示。在该对话框中可以填充单色与图案，以及根据填充的对象设置不同的参数得到不同的填充效果。

学习笔记

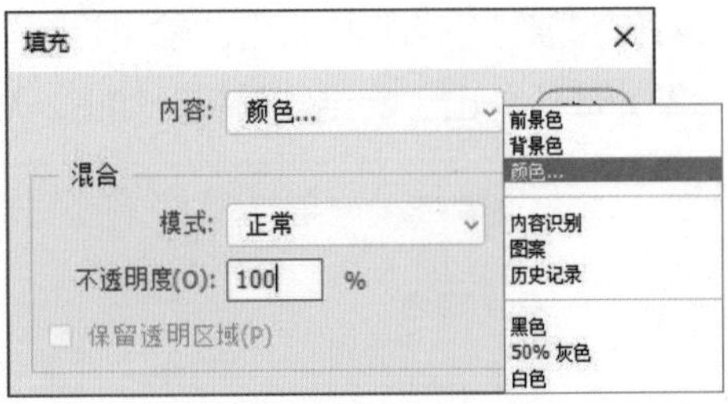

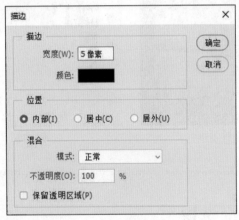

图 2-81

操作技巧

按Ctrl+BackSpace组合键，使用背景色填充选区；按Alt+BackSpace组合键，使用前景色填充选区；按Shift+BackSpace组合键或Shift+F5组合键可以打开"填充"对话框。

"填充"对话框中主要选项的功能介绍如下。

● **内容：** 提供了用于填充选区的选项，包括前景色、背景色、图案及指定的颜色等。

● **模式：** 设置所选填充内容与原图案的混合模式，以产生更丰富的视觉效果。

● **不透明度：** 设置填充内容的透明度，数值越小，透明度则越低。

● **保留透明区域：** 勾选该复选框后，可保护原图像以外的透明区域不被填充颜色或图案。

2.4.2　选区描边

使用"描边"命令可以在选区、路径或图层周围创建不同的描边效果。右击鼠标，在弹出的快捷菜单中选择"描边"命令或执行"编辑"|"描边"命令，弹出"描边"对话框，如图2-82所示。

图 2-82

操作技巧

按Alt+E+S组合键将弹出"描边"对话框。

"描边"对话框中主要选项的功能介绍如下。

● **宽度：** 设置描边的宽度。

● **颜色：** 单击该色块，在弹出的"拾色器（描边颜色）"对话框中设置描边颜色。

● **位置：** 设置描边在选区中的位置，包括内部、居中或者居外。

● **混合：** 设置描边与图像之间的混合模式与不透明度，数值越小，透明度越低。

修饰图像

此次课堂练习将使用图案填充与"描边"命令对图像进行修饰。综合练习本小节的知识点，熟练掌握色彩范围设置、创建选区、选区填充与选区描边等操作。

步骤 01 将素材图像拖入Photoshop中，如图2-83所示。

步骤 02 执行"窗口"|"图案"命令，单击"图案"面板中的菜单按钮▤，在弹出的下拉菜单中选择"旧版图案及其他"选项，如图2-84所示。

图 2-83　　　　　　　　　　　　　　　　图 2-84

步骤 03 "图案"面板显示效果如图2-85所示。

步骤 04 执行"选择"|"色彩范围"命令，在弹出的"色彩范围"对话框中使用吸管工具 对图像白色背景进行取样，调整颜色容差，如图2-86所示。

图 2-85　　　　　　　　　　　　　　　　图 2-86

步骤 05 单击"确定"按钮，效果如图2-87所示。

步骤 06 按Shift+F5组合键，在弹出的"填充"对话框中，单击"自定图案"下拉按钮，在弹出的下拉列表中选择"旧版图案及其他"|"旧版图案"|"彩色纸"|"亚麻编织纸"选项，如图2-88所示。

图 2-87

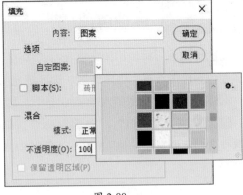

图 2-88

步骤 **07** 单击"确定"按钮，按Ctrl+D组合键取消选区，如图2-89所示。

步骤 **08** 选择魔棒工具，单击背景创建选区，按Ctrl+Shift+I组合键反选选区，如图2-90所示。

图 2-89

图 2-90

步骤 **09** 按Alt+E+S组合键，弹出"描边"对话框，在其中设置参数，如图2-91所示。

步骤 **10** 按Ctrl+D组合键取消选区，如图2-92所示。

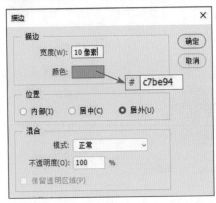

图 2-91

图 2-92

强化训练

1. 项目名称 ────────────────────────────────○

抠取长发美女。

2. 项目分析 ────────────────────────────────○

    在制作一些海报时经常需要一些无背景的纯人物素材图像。现需将一张海边长发美女图像去除背景。在处理背景和人物对比较强的图像时可使用"选择并遮住"功能，要注意发丝和衣服边缘的处理，避免产生白边。

3. 项目效果 ────────────────────────────────○

    项目效果如图2-93、图2-94所示。

图 2-93

图 2-94

4. 操作提示 ────────────────────────────────○

    ①打开素材文档，在选区工具状态下单击"选择并遮住"按钮。

    ②选择主体后，使用调整边缘画笔工具调整边缘，净化颜色后导出图像。

第**3**章

图层的应用

内容导读

在Photoshop中，通过图层可以对图像、形状以及文字等元素进行有效的管理，可以通过添加更多的图层混合模式与图层样式丰富图像效果。图层的运用非常灵活，也很简便，希望通过本章的学习，读者可以充分掌握图层的知识，并且能熟练地进行图层操作。

要点难点

- 了解图层的基本概念
- 熟悉图层的基本操作
- 掌握图层的混合模式和不透明度的设置
- 掌握图层的样式与样式的应用

3.1 图层的概念 //

图层是Photoshop创作的根本，因为有了分层，才可以实现不同图形图像的拼合，实现丰富多彩的设计图案。

3.1.1 图层的基本概念

图层是Photoshop软件的核心功能，在图层上工作就像是在一张看不见的透明画布上画画，很多透明图层叠放在一起，就构成了一个多层图像，如图3-1所示。每个图像都独立存在于一个图层上，选中或改动其中某一个图层的图像，不会影响其他图层的图像，如图3-2所示。

学习笔记

图 3-1

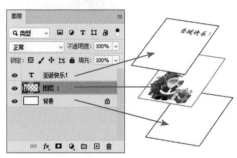

图 3-2

3.1.2 图层面板

"图层"面板是用于创建、编辑和管理图层以及图层样式的一种直观的"控制器"。执行"窗口"|"图层"命令或按F7功能键，弹出"图层"面板，如图3-3所示。

图 3-3

该面板中主要选项的功能介绍如下。

- **打开面板菜单** ▤：单击该按钮，可以打开"图层"面板的设置菜单。
- **选区滤镜类型**：位于"图层"面板的顶部，显示基于名称、效果、模式、属性或颜色标签的图层的子集。使用新的过滤选项可以快速地在复杂文档中找到关键层。

- **图层混合模式：** 设置图层的混合模式。
- **图层不透明度：** 用于设置当前图层的不透明度。
- **图层锁定** ：用于对图层进行不同的锁定，包括锁定透明像素 ⊠、锁定图像像素 ✔、锁定位置 ✦、防止在画板内外自动嵌套 ♯ 和锁定全部 🔒。
- **填充不透明度** 填充: 100% ∨：可以在当前图层中调整某个区域的不透明度。
- **指示图层可见性** 👁：用于控制图层显示或者隐藏，不能编辑处于隐藏状态的图层。
- **图层缩览图：** 指图层图像的缩小图，方便确定调整的图层。
- **图层名称：** 用于定义图层的名称，要想更改图层名称，只需双击要重命名的图层，输入名称即可。
- **图层按钮组** ∞ fx 🖿 ⊘ 🗀 ⊞ 🗑：在"图层"面板底端的7个按钮分别是链接图层 ∞、添加图层样式 fx、添加图层蒙版 🖿、创建新的填充或调整图层 ⊘、创建新组 🗀、创建新图层 ⊞ 和删除图层 🗑，它们是图层操作中常用的命令。

3.1.3　图层类型

每种类型的图层都有不同的功能和用途，适合创建不同的效果，显示状态也各不相同，如图3-4所示。

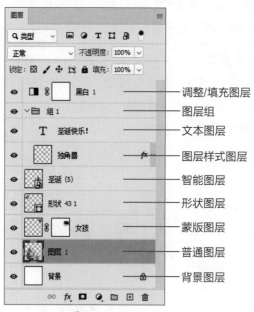

图 3-4

- **背景图层：** 背景图层位于面板的底部，一个文档只能有一个背景图层，不能更改背景图层的顺序、混合模式和不透明度等。
- **普通图层：** 显示为透明状态，可以根据需要在普通图层上随意添加与编辑图像。

- **蒙版图层：** 蒙版是图像合成的重要手段，蒙版图层中的黑、白和灰色像素控制着图层中相应位置图像的透明程度。
- **形状图层：** 使用形状工具或钢笔工具可以创建形状图层。
- **智能图层：** 包含嵌入的智能对象的图层，在放大或缩小含有智能对象的图层时，不会丢失图像像素。
- **图层样式图层：** 添加图层样式的图层，单击 ƒx 隐藏/显示调整样式。
- **文本图层：** 使用文本工具输入文字即可创建文字图层。
- **图层组：** 管理多个图层。
- **调整/填充图层：** 调整图层主要用于调整图像的色调，可多次调整；填充图层的填充内容可为纯色、渐变或图案。

3.2 管理图层

在Photoshop中，编辑操作都是基于图层进行的，比如创建新图层、复制图层、删除图层等。了解图层的编辑操作后，就可以更加自如地编辑图像，以提高工作效率。

3.2.1 图层的基本操作

图层的基本操作包括新建图层、显示图层、复制图层，以及调整图层顺序等，这是进行复杂设计操作的基础。

1. 新建图层

单击"图层"面板底部的"创建新图层"按钮 ⊞，即可在当前图层上面新建一个透明图层，新建的图层会自动成为当前图层，如图3-5所示。

图 3-5

执行"图层"|"新建"|"图层"命令或按Ctrl+Shift+N组合键，弹出"新建图层"对话框，如图3-6所示。

> **🔍 知识拓展**
>
> 将背景图层转换为普通图层的操作为：双击背景图层，在弹出的"新建图层"对话框中设置名称等参数。
>
> 将普通图层转换为背景图层的操作为：选中该图层，执行"图层"|"新建"|"背景图层"命令，即可将所选图层转换为背景图层。

图 3-6

2. 显示与隐藏图层

在"图层"面板中，单击"指示图层可视性"按钮 ⊙ ，可在显示图层 ⊙ 和隐藏图层 ▢ 之间切换。

3. 复制 / 删除图层

复制粘贴后的内容将会成为独立的新图层。复制图层主要有三种方法。

- 选中图层，按Ctrl+J组合键。
- 选中图层，拖动至"创建新图层"按钮 ⊞ 。
- 选中图层，右击鼠标，在弹出的快捷菜单中选择"复制图层"命令。

在编辑图像时，通常会将不再使用的图层删除。删除图层主要有四种方法。

- 选中图层，按Delete键。
- 选中图层，将其拖动至"删除图层"按钮 🗑 上，如图3-9所示。
- 选中图层，单击"删除图层"按钮 🗑 。
- 选中图层，右击鼠标，在弹出的快捷菜单中选择"删除图层"命令，弹出提示对话框，单击"是"按钮即可，如图3-10所示。

图 3-9

图 3-10

4. 修改图层名称

修改图层名称主要有以下几种方法。

- 选中图层，执行"图层"|"重命名图层"命令。
- 选中图层，右击鼠标，在弹出的快捷菜单中选择"重命名图层"命令。

操作技巧

在图像编辑窗口可使用"选择工具"选中目标图像，按住Alt键，当鼠标指针变为双箭头图标 ▶ 时，拖动图像至合适位置，释放Alt键与鼠标即可复制图像，如图3-7、图3-8所示。

图 3-7

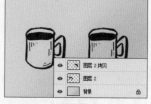

图 3-8

● 双击图层，激活名称输入框，输入名称，按Enter键即可，如图3-11、图3-12所示。

图 3-11   图 3-12

5. 调整图层顺序

图层的排列顺序影响着图像的显示效果。调整图层顺序比较常用的方法就是在"图层"面板中选择要调整顺序的图层，将其拖动到目标图层上方。除了手动更改图层顺序外，还可以使用"排列"命令调整顺序。

● 执行"图层"|"排列"|"置为顶层"命令或按Ctrl+Shift+]组合键将图层置顶。

● 执行"图层"|"排列"|"前移一层"命令或按Ctrl+]组合键将图层上移一层。

● 执行"图层"|"排列"|"后移一层"命令或按Ctrl+[组合键将图层下移一层。

● 执行"图层"|"排列"|"置为底层"命令或按Ctrl+Shift+[组合键将图层置底。

6. 链接图层

当需要对多个图层进行移动、旋转、缩放等操作时，可以将这些图层进行链接。按住Ctrl键，依次选中面板中需要链接的图层，单击面板下方的"链接图层"按钮 ⊖ 即可，如图3-13所示。选中链接图层中的任意图层则显示所有链接图层，如图3-14所示。再次单击"链接图层"按钮 ⊖ 可取消链接。

💡 操作技巧

选中图层后，右击鼠标，在弹出的快捷菜单中选择"链接图层"命令链接图层，选择"取消链接图层"命令则取消链接图层。

图 3-13   图 3-14

7. 锁定图层

　　锁定图层，可以保护图层的透明区域、图像的像素、位置等不会因编辑操作而被改变，可以根据实际需要锁定图层的不同属性。图3-15、图3-16所示为锁定全部图层效果。

图 3-15

图 3-16

　　常用的锁定图层选项有以下四种。

● **锁定透明像素** ⊠：图层被部分锁定，锁图标呈现空心状态，图层的透明部分将被保护起来不被编辑。

● **锁定图像像素** ✎：防止使用绘画工具修改图层的像素。启用该项功能后，只能对图层进行移动和变换操作，而不能对其进行绘画、擦除或应用滤镜。

● **锁定位置** ✛：防止图层被移动。

● **锁定全部** 🔒：完全锁定图层，锁图标呈现实心状态。此时只可移动其顺序，不可对其进行操作，再次单击锁图标即可解锁。

课堂练习 | **制作壁纸**

　　此次课堂练习将使用形状工具绘制线条，借助智能参考线复制线条，使图层等距对齐分布，最后使用文字工具添加文字创建壁纸。综合练习本小节的知识点，熟练掌握管理图层的基本操作。

　　步骤 01 按Ctrl+N组合键新建文档，在弹出的对话框中设置参数，如图3-17所示。

　　步骤 02 设置前景色，在弹出的"拾色器"对话框中单击"颜色库"按钮，在弹出的"颜色库"对话框中选择颜色，如图3-18所示。

图 3-17

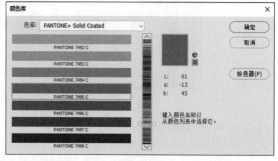
图 3-18

步骤 03 使用油漆桶工具单击填充背景，如图3-19所示。

步骤 04 选择矩形工具绘制矩形，在选项栏中设置填充颜色，如图3-20所示。

步骤 05 按住Alt键复制并移动（借助智能参考线，间距为52像素），如图3-21所示。

图 3-19　　　　　　　　　图 3-20　　　　　　　　　图 3-21

🔍 知识拓展

　　智能参考线是一种在绘制、移动、变换的情况下自动显示的参考线，可以帮助我们在移动时对齐特定对象。执行"视图"|"显示"|"智能参考线"命令，即可启用智能参考线。当复制或移动对象时，Photoshop会显示测量参考线，所选对象和直接相邻对象之间的间距相匹配的其他对象之间的间距。

步骤 06 按住Alt键复制并移动，按Ctrl+T组合键自由变换，按住Shift键调整矩形宽度，如图3-22所示。

步骤 07 框选所有矩形图形，在"图层"面板中单击"链接图层"按钮 ∞，如图3-23所示。

步骤 08 按住Alt键复制并移动（间距为52像素），如图3-24所示。

图 3-22　　　　　　　　　图 3-23　　　　　　　　　图 3-24

💡 操作技巧

　　单击形状图层缩览图右下角图标▣，在弹出的对话框中可以设置颜色。

步骤 09 按住Alt键继续复制并移动4次，如图3-25所示。

步骤 10 框选所有矩形，水平移动，删除最右端不显示的矩形（"图层"面板中最顶层图层），如图3-26所示。

步骤 11 框选所有矩形，单击"创建新组"按钮 ▢，双击更改组名，单击"锁定全部"按钮 🔒 锁定图层组，如图3-27所示。

图 3-25

图 3-26

图 3-27

步骤 12 选择矩形工具绘制矩形，借助智能参考线使将其水平居中对齐，如图3-28所示。

步骤 13 选择矩形工具绘制矩形，更改填充颜色，如图3-29所示。

步骤 14 按住Alt键复制并移动矩形，如图3-30所示。

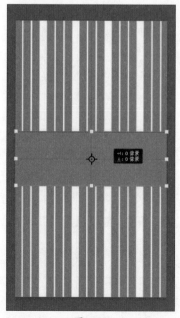

图 3-28

图 3-29

图 3-30

步骤 15 选择文字工具输入文字"DO WHAT YOU WANNA DO",在"字符"面板中设置参数,如图3-31、图3-32所示。

图 3-31   图 3-32

3.2.2   图层的合并与盖印

在编辑过程中,可根据需要对图层进行合并,从而减少图层的数量以便操作。合并图层分为合并图层、合并可见图层、拼合图像以及盖印图层。

1. 合并图层

合并两个或多个图层,主要有以下几种方法。

● 执行"图层"|"合并图层"命令。

● 右击鼠标,在弹出的快捷菜单中选择"合并图层"命令。

● 按Ctrl+E组合键合并图层。

2. 合并可见图层

将图层中可见的图层合并到一个图层中,而隐藏的图像则保持不动。主要有以下几种方法。

● 执行"图层"|"合并可见图层"命令。

● 右击鼠标,在弹出的快捷菜单中选择"合并可见图层"命令。

● 按Ctrl+Shift+E组合键即可合并可见图层。

3. 拼合图像

拼合图像就是将所有可见图层进行合并,而丢弃隐藏的图层。

执行"图层"|"拼合图像"命令,Photoshop会将所有处于显示状态

的图层合并到背景图层中。若有隐藏的图层，在拼合图像时会弹出提示对话框，询问是否要扔掉隐藏的图层，单击"确定"按钮即可，如图3-33所示。

4. 盖印图层

盖印图层是一种合并图层的特殊方法，可以将多个图层的内容合并到一个新的图层中，同时保持原始图层的内容不变，按Ctrl+Alt+Shift+E组合键即可，如图3-34所示。

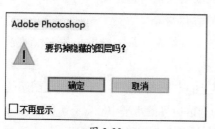

图 3-33

图 3-34

学习笔记

3.2.3 图层的对齐与分布

可以根据需要重新调整图层内图像的位置，使其按照一定的方式沿直线自动对齐或者按一定的比例分布。

使用"移动工具"选择两个或者两个以上的图层激活对齐图层；选中两个图层以后选项栏中的对齐工具将被激活，单击▪▪▪按钮，在弹出的面板中可以看到对齐、分布以及分布间距等选项，如图3-35所示。

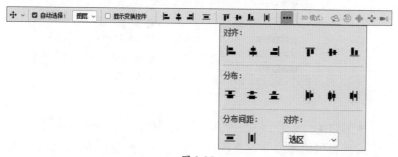

图 3-35

1. 对齐图层

对齐图层是指将两个或两个以上的图层按照一定的规律进行对齐排列，以当前图层或选区为基础，在相应方向上对齐。执行"图层"|"对齐"菜单中相应的命令即可，如图3-36所示。

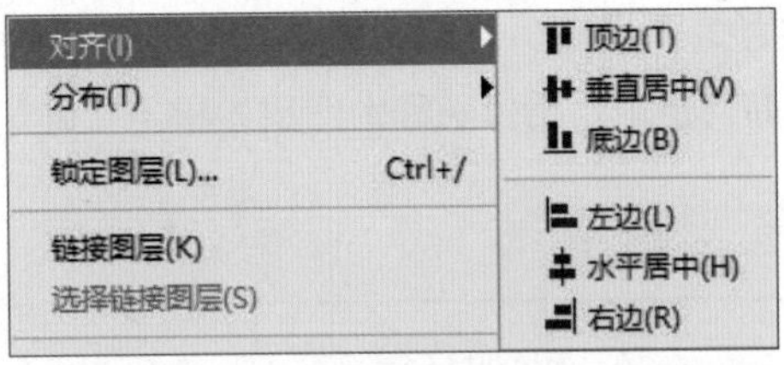

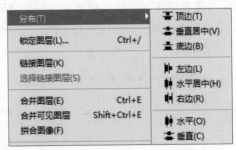

图 3-36

● **顶边 ▔**：将选定图层上的顶端像素与所有选定图层上最顶端的像素对齐，或与选区边框的顶边对齐。

● **垂直居中 ▤**：将每个选定图层上的垂直中心像素与所有选定图层的垂直中心像素对齐，或与选区边框的垂直中心对齐。

● **底边 ▙**：将选定图层上的底端像素与选定图层上最底端的像素对齐，或与选区边界的底边对齐。

● **左边 ▖**：将选定图层上的左端像素与最左端图层的左端像素对齐，或与选区边界的左边对齐。

● **水平居中 ▤**：将选定图层上的水平中心像素与所有选定图层的水平中心像素对齐，或与选区边界的水平中心对齐。

● **右边 ▗**：将选定图层上的右端像素与所有选定图层上的最右端像素对齐，或与选区边界的右边对齐。

② 分布图层

分布图层命令用来调整三个及其以上图层之间的距离，控制多个图像在水平或垂直方向上按照相等的间距排列。选中多个图层，执行"图层"|"分布"菜单中相应的命令即可，如图3-37所示。

图 3-37

● **顶边 ▀**：从每个图层最顶端的像素开始，均匀地间隔分布图层。

● **垂直居中 ▤**：从每个图层的垂直中心像素开始，均匀地间隔分布图层。

● **底边 ▁**：从每个图层的底端像素开始，均匀地间隔分布图层。

● **左边 ▌**：从每个图层的左端像素开始，均匀地间隔分布图层。

● **水平居中 ▤**：从每个图层的水平中心开始，均匀地间隔分布图层。

● **右边 ▐**：从每个图层的右端像素开始，均匀地间隔分布图层。

- **水平** ⫴：在图层之间均匀分布水平间距。
- **垂直** ⲯ：在图层之间均匀分布垂直间距。

3.3　混合模式与不透明度

在"图层"面板中可以调整图层的混合模式、整体不透明度以及填充不透明度的参数。

3.3.1　混合模式

在"图层"面板中，可以很方便地设置各图层的混合模式。选择不同的混合模式将会得到不同的效果。在显示混合模式的效果时，首先要了解以下3种颜色。

- **基色**：图像中原稿的颜色。
- **混合色**：通过绘画或编辑工具应用的颜色。
- **结果色**：混合后得到的颜色。

图层混合模式可分为6组，共计27种，如表3-1所示。

表 3-1　图层混合模式

模式类型	混合模式	功能描述
组合模式	正常	该模式为默认的混合模式
	溶解	编辑或绘制每个像素，将其作为结果色。调整图层的不透明度，显示为像素颗粒化效果
加深模式	变暗	查看每个通道中的颜色信息，并选择基色或混合色中较暗的颜色作为结果色
	正片叠底	查看每个通道中的颜色信息，并将基色与混合色进行正片叠底
	颜色加深	查看每个通道中的颜色信息，并通过增加二者之间的对比度使基色变暗以反映混合色
	线性加深	查看每个通道中的颜色信息，并通过减小亮度使基色变暗以反映混合色
	深色	比较混合色和基色的所有通道值的总和并显示值较小的颜色，不会产生第三种颜色
减淡模式	变亮	查看每个通道中的颜色信息，并选择基色或混合色中较亮的颜色作为结果色
	滤色	查看每个通道的颜色信息，将混合色的互补色与基色进行正片叠底
	颜色减淡	查看每个通道中的颜色信息，并通过减小二者之间的对比度使基色变亮以反映混合色
	线性减淡（添加）	查看每个通道中的颜色信息，并通过增加亮度使基色变亮以反映混合色
	浅色	比较混合色和基色的所有通道值的总和并显示值较大的颜色

（续表）

学习笔记

模式类型	混合模式	功能描述
对比模式	叠加	对颜色进行正片叠底或过滤，具体取决于基色。图案或颜色在现有像素上叠加，同时保留基色的明暗对比
	柔光	使颜色变暗或变亮，具体取决于混合色。若混合色（光源）比50%灰色亮，则图像变亮；若混合色（光源）比50%灰色暗，则图像加深
	强光	该模式的应用效果与柔光类似，但其变亮与变暗的程度比柔光模式强很多
	亮光	通过增加或减小对比度来加深或减淡颜色，具体取决于混合色。若混合色（光源）比50%灰色亮，则通过减小对比度使图像变亮，相反则变暗
	线性光	通过减小或增加亮度来加深或减淡颜色，具体取决于混合色。若混合色（光源）比50%灰色亮，则通过增加亮度使图像变亮，相反则变暗
	点光	根据混合色替换颜色。若混合色（光源）比50%灰色亮，则替换比混合色暗的像素，而不改变比混合色亮的像素。相反则保持不变
	实色混合	此模式会将所有像素更改为主要的加色（红、绿或蓝）、白色或黑色
比较模式	差值	查看每个通道中的颜色信息，并从基色中减去混合色，或从混合色中减去基色，具体取决于哪一个颜色的亮度值更大
	排除	创建一种与"差值"模式相似但对比度更低的效果。与白色混合将反转基色值。与黑色混合则不发生变化
	减去	查看每个通道中的颜色信息，并从基色中减去混合色
	划分	查看每个通道中的颜色信息，并从基色中划分混合色
色彩模式	色相	用基色的明亮度和饱和度以及混合色的色相创建结果色
	饱和度	用基色的明亮度和色相以及混合色的饱和度创建结果色
	颜色	用基色的明亮度以及混合色的色相和饱和度创建结果色
	明度	用基色的色相和饱和度以及混合色的明亮度创建结果色

课堂练习 墙绘

　　此次课堂练习将通过图层混合模式使图像和背景更加贴合，制作自然的墙绘效果。综合练习本小节的知识点，熟练掌握图层混合模式的选择与使用。

　　步骤 01 将素材图像拖入Photoshop中，如图3-38所示。

　　步骤 02 继续拖动置入素材，调整大小后按Enter键完成置入，如图3-39所示。

图 3-38

图 3-39

步骤 03 设置图层混合模式为"正片叠底",效果如图3-40所示。

步骤 04 在"图层"面板中单击"创建新的填充或调整图层"按钮 ，创建"亮度/对比度"调整图层，在"属性"面板中设置参数，如图3-41所示。

图 3-40

图 3-41

步骤 05 设置完成后的效果如图3-42所示。

步骤 06 设置前景色为黑色，选择画笔工具，设置"不透明度"为10%，在图层蒙版状态下涂抹调整图层的明暗效果，如图3-43所示。

图 3-42

图 3-43

3.3.1 不透明度

"图层"面板中的不透明度和填充两个选项都可用于设置图层的不透明度。

1. 图层不透明度

不透明度选项可调整整个图层的透明属性，包括图层中的形状、像素以及图层样式。在默认状态下，图层的不透明度为100%，即完全不透明。调整图层的不透明度后，可以透过该图层看到其下面图层中的图像，如图3-44、图3-45所示。

学习笔记

图 3-44

图 3-45

2. 填充不透明度

填充不透明度仅影响图层中的像素、形状或文本，而不影响图层效果（例如投影）的不透明度。调整上层图像的大小，并添加描边样式，如图3-46所示，将填充不透明度调整为0%，效果如图3-47所示。

图 3-46

填充：0%

图 3-47

知识拓展

背景图层或锁定图层的不透明度是无法更改的。

3.4 图层样式与样式

使用图层样式功能，可以简单快捷地为图像添加斜面和浮雕、描边、内阴影、内发光、外发光、光泽以及投影等效果。

3.4.1 图层样式的添加方式

添加图层样式主要有以下3种方法。

● 单击"图层"面板底部的"添加图层样式"按钮 *f*x，从弹出的下拉菜单中任意选择一种样式，如图3-48所示。

● 执行"图层"|"图层样式"菜单中的相应的命令。

● 双击需要添加图层样式的图层缩览图或图层。

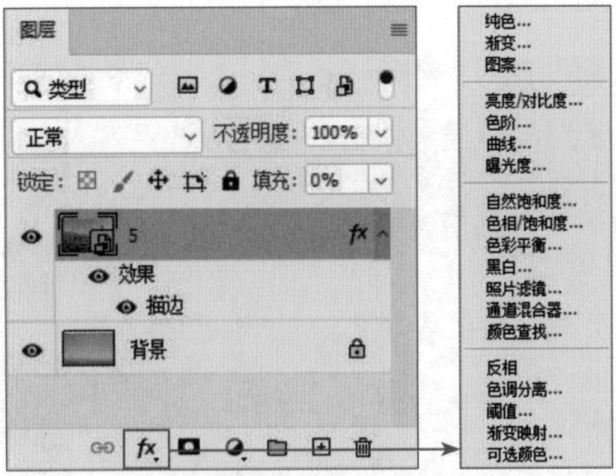

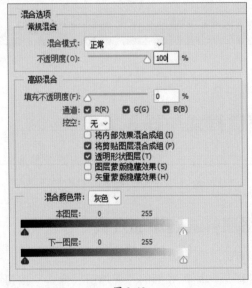

图 3-48

3.4.2　图层样式详解

图层样式是应用于一个图层或图层组的一种或多种效果。"图层样式"对话框中各主要选项的含义介绍如下。

✎ 学习笔记

1. 混合选项

混合选项中包含常规混合、高级混合以及混合颜色带三个选项组，如图3-49所示。

- **常规混合：**设置图像的混合模式与不透明度。
- **高级混合：**设置图像的填充不透明度，指定通道的混合范围等。
- **混合颜色带：**设置混合像素的亮度范围。按住Alt键并拖动滑块，定义混合像素的范围。

图 3-49

2. 斜面和浮雕

斜面和浮雕样式可以添加不同组合方式的浮雕效果，从而增加图像的立体感。

- **斜面和浮雕**：用于调整图像边缘的明暗度，并增加投影来使图像产生不同的立体感，如图3-50所示。
- **等高线**：在浮雕中创建凹凸起伏的效果，如图3-51所示。
- **纹理**：在浮雕中创建不同的纹理效果，如图3-52所示。

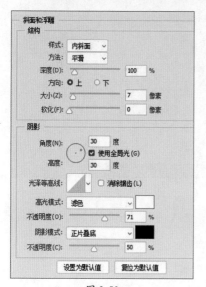

图 3-50

图 3-51

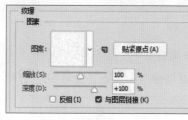

图 3-52

学习笔记

3. 描边

描边样式可以使用颜色、渐变以及图案来描绘图像的轮廓边缘，如图3-53所示。

4. 内阴影

内阴影样式可以在紧靠图层内容的边缘向内添加阴影，使图层呈现凹陷的效果，如图3-54所示。

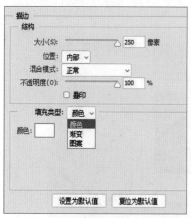

图 3-53

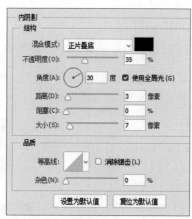

图 3-54

课堂练习 ╱ **替换相框照片**

此次课堂练习将使用多边形套索工具创建选区，置入图像后创建剪贴蒙版，最后添加"内阴影"样式。综合练习本小节的知识点，熟练掌握图层样式的应用。

步骤01 将素材图像拖入Photoshop中，如图3-55所示。

步骤02 选择多边形套索工具沿相框内部边缘绘制选区，如图3-56所示。按Ctrl+J组合键复制选区。

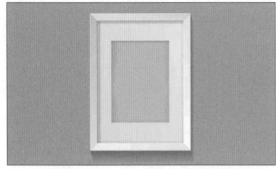

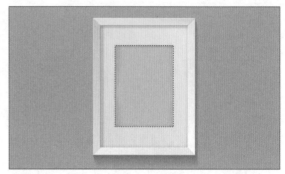

图 3-55   图 3-56

步骤03 拖动置入素材图像并调整大小，如图3-57所示。

步骤04 按Ctrl+Shift+G组合键创建剪贴蒙版，参数如图3-58所示。

图 3-57   图 3-58

步骤05 双击"风景"图层，在弹出的对话框中选择"内阴影"选项并设置参数，如图3-59所示。

步骤06 设置完成后的效果如图3-60所示。

图 3-59   图 3-60

5. 内发光

内发光样式是指沿图层内容的边缘向内创建发光效果，参数如图3-61所示。

6. 光泽

光泽样式可以为图像添加光滑的、具有光泽的内部阴影，参数如图3-62所示。

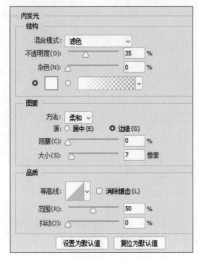

图 3-61　　　　　　　图 3-62

7. 颜色叠加

颜色叠加样式可以在图像上叠加指定的颜色，通过混合模式的修改调整图像与颜色的混合效果，如图3-63所示。

8. 渐变叠加

渐变叠加样式可以在图像上叠加指定的渐变色，不仅能制作出带有多种颜色的对象，更能通过巧妙的渐变颜色设置制作出凸起、凹陷等三维效果以及带有反光质感的效果，参数如图3-64所示。

图 3-63　　　　　　　图 3-64

9. 图案叠加

图案叠加样式可以在图像上叠加图案。通过混合模式的设置使叠加的图案与原图进行混合，参数如图3-65所示。

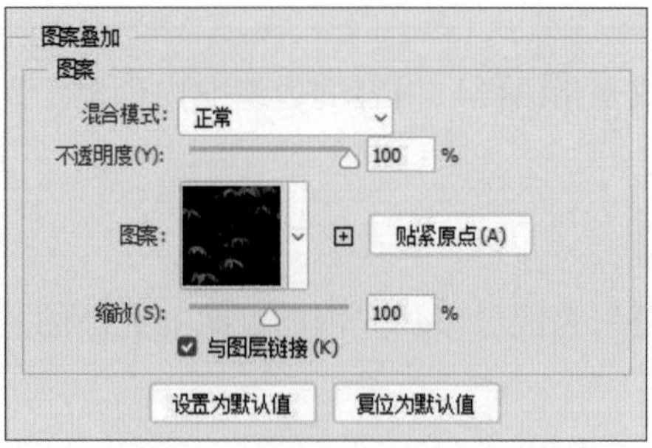

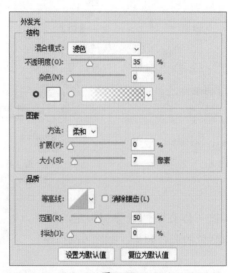

图 3-65

10. 外发光

外发光样式可以沿图层内容的边缘向外创建发光效果，参数如图3-66所示。

学习笔记

图 3-66

11. 投影

为图层模拟向后的投影效果，增强某部分的层次感以及立体感，参数如图3-67所示。

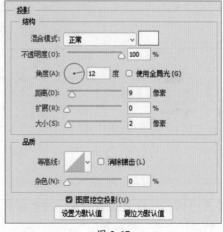

图 3-67

课堂练习 为图像添加投影

此次课堂练习将通过图层样式为图像添加投影效果。综合练习本小节的知识点，熟练掌握图层样式的应用。

步骤 01 将素材图像拖入Photoshop中，如图3-68所示。

步骤 02 执行"图层"|"新建"命令，新建图层并调整顺序，如图3-69所示。

图 3-68

图 3-69

步骤 03 双击"图层1"，在弹出的对话框中设置参数，添加投影样式如图3-70所示。

步骤 04 投影效果如图3-71所示。

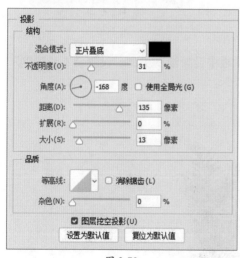

图 3-70

图 3-71

步骤 05 在"投影"样式处右击鼠标，在弹出的快捷菜单中选择"创建图层"命令，如图3-72、图3-73所示。

步骤 06 创建图层效果如图3-74所示。

图 3-72

图 3-73

图 3-74

步骤 07 按Ctrl+T组合键自由变换，按住Alt键分别单击四个角的端点进行调整，如图3-75所示。

步骤 08 在"图层"面板中单击"添加图层蒙版"按钮◻创建图层蒙版，如图3-76所示。

图 3-75

图 3-76

步骤 09 设置前景色为黑色，选择渐变工具◻，在选项栏中设置渐变类型，设置"不透明度"为60%，如图3-77所示。

步骤 10 沿投影方向创建渐变，效果如图3-78所示。

图 3-77

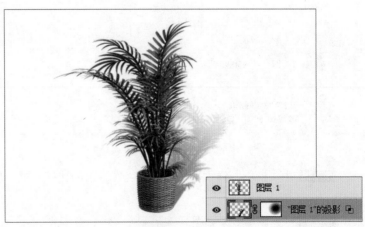

图 3-78

3.4.3 样式

执行"窗口"|"样式"命令，弹出"样式"面板。单击面板菜单按钮，在弹出的菜单中选择"旧版样式及其他"选项，载入旧版样式，如图3-79、图3-80所示。

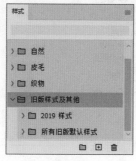

图 3-79　　　　　　　　图 3-80

3.4.4 管理图层样式

创建图层样式后可以进行复制、删除、隐藏等操作。

1. 复制图层样式

若要复制全部图层样式，可以右击鼠标，在弹出的快捷菜单中选择"拷贝图层样式"命令。选择需要应用的图层，右击鼠标，在弹出的快捷菜单中选择"粘贴图层样式"命令。

若要复制某一个图层样式，可按住Alt键的同时拖动该样式至目标图层，如图3-81、图3-82所示。若要移动某个图层样式，可按住Alt键进行移动，如图3-83所示。

图 3-81　　　　　　图 3-82　　　　　　图 3-83

2. 删除图层样式

若要删除全部图层样式，可以右击鼠标，在弹出的快捷菜单中选择"清除图层样式"命令或直接拖动效果图层样式至"图层"面板底部的"删除图层"按钮🗑，然后释放鼠标即可，如图3-84、图3-85所示。

学习笔记

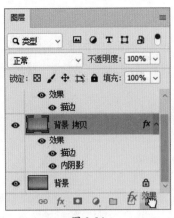

图 3-84   图 3-85

学习笔记

3. 隐藏图层样式

单击图层效果前的 ◉ 按钮可隐藏该图层效果，如图3-86所示。单击效果前的 ◉ 按钮可隐藏全部图层效果，如图3-87所示。再次单击会显示效果。

图 3-86   图 3-87

强化训练

1. 项目名称

　　制作相框效果。

2. 项目分析

　　相框主要由三部分组成：框、垫纸、图像。可以借助图层样式添加两组描边制作垫纸和框的效果。

3. 项目效果

　　项目效果如图3-88、图3-89所示。

图 3-88

图 3-89

4. 操作提示

　　①打开素材文档，绘制矩形（作为后期显示图像的部分）。

　　②双击图层添加两组描边图层样式。

　　③将矩形图层的填充不透明度调整为0。

第 **4** 章

文本的应用

内容导读

在Photoshop中进行设计创作时，除了可绘制色彩缤纷的图像外，还可创建具有各种效果的文字。文字不仅可以帮助大家较快地了解作品的主题，有时在整个作品中也可以充当非常重要的角色。

要点难点

- 了解文字工具的应用
- 掌握文本的格式设置
- 掌握路径文字的输入与编辑
- 掌握将文字转换为形状与栅格化应用

4.1 创建文本 ////////////////////////////////////

文字是由像素组成的特殊的图像结构。文字不仅具有说明性，还可以美化图片，增强图片的完整性。

4.1.1 文字工具

横排文字工具**T**和直排文字工具**IT**的使用方法是相同的，不同的是一个创建的是由左至右的横排文本，一个创建的是由上至下的直排文本。

1. 创建点文本 ——————————————————————————————————

【学习笔记】

选择横排文字工具**T**，其选项栏如图4-1所示，可以设置文本的大小、颜色、字体、排列方式等属性。

图 4-1

使用横排文字工具在图像中单击，将会出现一个闪动的光标，输入文字后，Photoshop将自动创建一个缩略图显示为T的图层，如图4-2、图4-3所示。

图 4-2

图 4-3

图 4-4

在选项栏中单击"切换文本取向"按钮**IT**，切换文本方向，如图4-4所示。单击色块，在弹出的对话框中设置文本的颜色，如图4-5所示。

图 4-5

2. 创建段落文本

若需要输入的文字内容较多时，可创建段落文字，以方便对文字进行管理并对格式进行设置。

选择横排文字工具，将鼠标指针移动到图像窗口中，当鼠标指针变成插入符号时，按住鼠标左键不放，拖动鼠标创建出文本框，如图4-6所示。文本插入点会自动插入到文本框前端，在文本框中输入文字，当文字到达文本框的边界时会自动换行，如图4-7所示。调整外框四周的控制点，可以调整文本框的大小，如图4-8所示。

操作技巧

结束文本输入主要有以下四种方法。
- 按Ctrl+Enter组合键。
- 在小键盘（数字键盘）中，按Enter键。
- 单击选项栏右侧的"提交当前编辑"按钮 ✔。
- 单击工具箱中的任意工具。

图 4-6

图 4-7

图 4-8

4.1.2 文字蒙版工具

直排文字蒙版工具 和横排文字蒙版工具 可以创建文字选区。选择直排文字蒙版工具在图像上单击会出现一层红色蒙版，输入文字，如图4-9所示。按住Ctrl键，文字蒙版四周出现定界框，可对文字蒙版选区进行移动和自由变换操作，如图4-10所示。

知识拓展

若文本框右下角显示溢流文本符号 田，可将鼠标指针移动到文本框四周的控制点上拖动鼠标调整文本框大小，使文字全部显示在文本框中。

图 4-9

图 4-10

单击选项栏中的 ✓ 按钮，完成文字选区的创建，如图4-11所示。可以对选区进行填充、描边等操作，如图4-12所示为填充选区后取消选区的效果。

图 4-11

🔍 **知识拓展**

使用文字蒙版工具创建选区时，"图层"面板中不会生成文字图层。

图 4-12

4.2 文本格式设置

添加文本或段落文本后，除了可以在选项栏中设置基础的样式、大小、颜色等参数外，还可以在"字符"和"段落"面板中设置字距、基线偏移等参数。

4.2.1 设置文字字符格式

在选项栏中单击"切换字符或段落面板"按钮 📧，执行"窗

口" | "字符"命令或按F7功能键，都可打开或隐藏"字符"面板。在该面板中可以精确地调整所选文字的字体、大小、颜色、行间距、字间距和基线偏移等属性，方便文字的编辑，如图4-13所示。

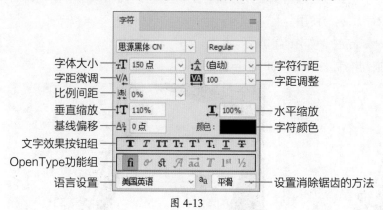

字体大小 — 字符行距
字距微调 — 字距调整
比例间距
垂直缩放 — 水平缩放
基线偏移 — 字符颜色
文字效果按钮组
OpenType功能组
语言设置 — 设置消除锯齿的方法

图 4-13

该面板中主要选项的功能介绍如下。

- **字体大小** T：在该下拉列表框中选择预设数值，或者输入自定义数值即可更改字符大小。
- **字符行距** ：设置输入文字行与行之间的距离。
- **字距微调** V/A：设置两个字符之间的字距。在设置时将光标插入两个字符之间，在数值框中输入所需的字距微调数量。输入正值时，字距扩大；输入负值时，字距缩小。
- **字距调整** ：设置文字字符的间距。输入正值时，字距扩大；输入负值时，字距缩小。
- **比例间距** ：设置文字字符间的比例间距，数值越大则字距越小。
- **垂直缩放** T：设置文字垂直方向上的缩放大小，即调整文字的高度。
- **水平缩放** T：设置文字水平方向上的缩放大小，即调整文字的宽度。
- **基线偏移** A：设置文字与文字基线之间的距离。输入正值时，文字会上移；输入负值时，文字会下移。
- **字符颜色**：单击色块，在弹出的拾色器中设置颜色。
- **文字效果按钮组**：设置文字的效果，依次是仿粗体、仿斜体、全部大写字母、小型大写字母、上标、下标、下划线和删除线。
- **OpenType功能组**：依次是标准连字、上下文替代字、自由连字、花饰字、替代样式、标题代替字、序数字、分数字。
- **语言设置**：设置文本连字符和拼写的语言类型。
- **设置消除锯齿的方法**：设置消除文字锯齿的模式。

> **知识拓展**
>
> 当文字处于编辑状态时，按Ctrl+T组合键可打开或关闭"字符"面板。

课堂练习 / **制作手写文稿**

此次课堂练习将使用横排文字工具创建段落文字并对其进行参数设置与自由变换。综合练习本小节的知识点，熟练掌握横排文字工具的使用。

步骤 01 将素材图像拖入Photoshop中，如图4-14所示。

步骤 02 选择横排文字工具拖动绘制文本框，如图4-15所示。

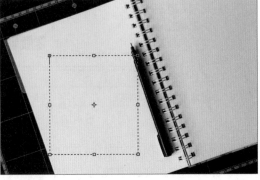

图 4-14   图 4-15

步骤 03 在文本框中输入文字，按Ctrl+A组合键全选文字，如图4-16所示。

步骤 04 在"字符"面板中设置参数，如图4-17所示。

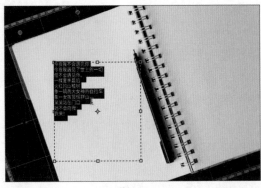

图 4-16   图 4-17

步骤 05 单击选项栏右侧的"提交当前编辑"按钮 ✓，效果如图4-18所示。

步骤 06 按Ctrl+T组合键自由变换，按Enter键完成调整，效果如图4-19所示。

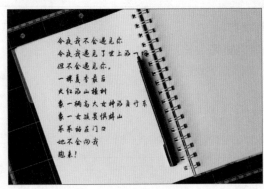

图 4-18   图 4-19

4.2.2 设置文字段落格式

在选项栏中单击"切换字符或段落面板"按钮▦，执行"窗口"|"段落"命令，都可以打开或隐藏"段落"面板。在该面板中可对段落文本的属性细致地进行调整，还可使段落文本按照指定的方向对齐，如图4-20所示。

图 4-20

✎ 学习笔记

该面板中主要选项的功能介绍如下。

- **对齐方式按钮组**▦▦▦ ▦▦▦ ▦：从左到右依次为"左对齐文本""居中对齐文本""右对齐文本""最后一行左对齐""最后一行居中对齐""最后一行右对齐""全部对齐"。
- **左缩进**▦：设置段落文本左边向内缩进的距离。
- **右缩进**▦：设置段落文本右边向内缩进的距离。
- **首行缩进**▦：设置段落文本首行缩进的距离。
- **段前添加空格**▦：设置当前段落与上一段落的距离。
- **段后添加空格**▦：设置当前段落与下一段落的距离。
- **避头尾法则设置**：避头尾字符是指不能出现在每行开头或结尾的字符。Photoshop提供了基于标准JIS的宽松和严格的避头尾集，宽松的避头尾设置忽略了长元音和小平假名字符。
- **间距组合设置**：设置内部字符集间距。
- **连字**：勾选该复选框，可将文字的最后一个英文单词拆开，添加连字符号，而剩余的部分则自动换到下一行。

课堂练习 **制作购课须知**

此次课堂练习将使用横排文字工具创建文字，并设置文字字符与段落文字。综合练习本小节的知识点，熟练掌握字符与段落面板的使用。

步骤 01 将素材文件拖入Photoshop中，如图4-21所示。

步骤 02 选择横排文字工具输入文字，按Ctrl+T组合键自由变换，按住锚点拖动放大文本，移动至右上方，如图4-22所示。

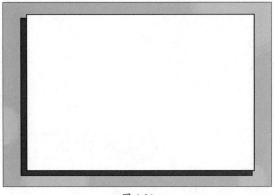

图 4-21

图 4-22

步骤 03 在"字符"面板中更改文字样式，如图4-23、图4-24所示。

图 4-23

图 4-24

步骤 04 选择横排文字工具拖动绘制文本框，如图4-25所示。

步骤 05 打开素材文档"购课须知.txt"，按Ctrl+A组合键全选文本，按Ctrl+C组合键复制，如图4-26所示。

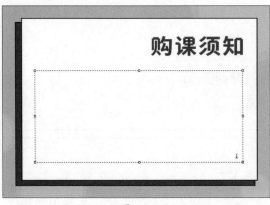

图 4-25

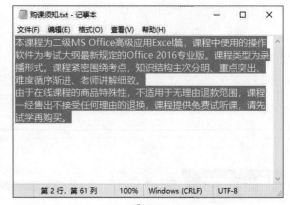

图 4-26

步骤 06 按Ctrl+V组合键粘贴文本，如图4-27所示。

步骤 07 按Ctrl+A组合键全选文本，在"字符"面板中设置参数，如图4-28所示。

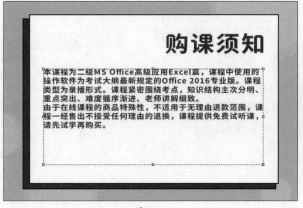

图 4-27

图 4-28

步骤 08 在"段落"面板中设置参数，如图4-29所示。

步骤 09 按Ctrl+Enter组合键完成调整，移动标题位置，如图4-30所示。

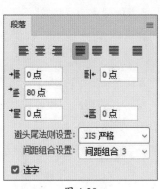

图 4-29

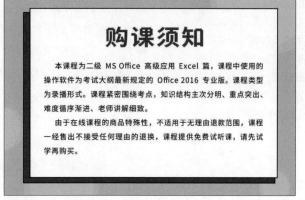

图 4-30

4.3 文字的编辑

Photoshop软件中的滤镜效果、画笔、橡皮擦、渐变等绘图工具以及部分菜单命令不能直接应用于文字图层，若要应用其效果，必须将文字图层栅格化。另外，还可以将文字变形、转换为形状，以及创建沿路径绕排的文字。

4.3.1 变形文字

文字变形是文字图层的属性之一，可以根据选项创建出不同样式的文字效果。选中文本图层后，在选项栏中单击"创建文字变形"按钮，打开"变形文字"对话框，如图4-31所示。

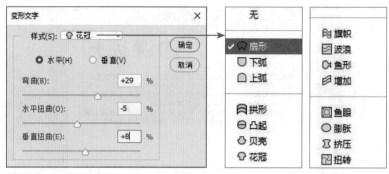

图 4-31

该对话框中主要选项的功能介绍如下。

- **样式**：决定文本最终的变形效果，该下拉列表中包括各种变形的样式，分别为扇形、下弧、上弧、拱形、凸起、贝壳、花冠、旗帜、波浪、鱼形、增加、鱼眼、膨胀、挤压和扭转。选择不同的选项，文字的变形效果也各不相同。
- **水平或垂直**：设置文本在水平方向或垂直方向变形。
- **弯曲**：设置文字的弯曲方向和弯曲程度（参数为0时无任何弯曲效果）。
- **水平扭曲**：设置文本在水平方向上的扭曲程度。
- **垂直扭曲**：设置文本在垂直方向上的扭曲程度。

图4-32、图4-33所示为花冠与鱼形变形效果。

知识拓展

变形文字工具只针对整个文字图层而不能单独针对某些文字。如果要制作多种文字变形混合的效果，可以通过将文字输入到不同的文字图层，然后分别设定变形的方法来实现。

图 4-32

图 4-33

4.3.2　点文本与段落文本之间的转换

点文本和段落文本之间可以进行转换。

选中点文本，执行"文字"|"转换为段落文本"命令，可将点文本转换为段落文本，如图4-34所示；选中段落文本，执行"文字"|"转换为点文本"命令，可将段落文本转换为点文本，如图4-35所示。

图 4-34

学习笔记

图 4-35

4.3.3　路径文字的输入与编辑

可以使用路径工具绘制路径，搭配文本工具创建路径文字。将文本的选区载入并转换为路径，可以添加更多的其他编辑方法，或者在路径段上创建沿路径排列的文本等。

1. 文字转换为工作路径

输入文字后，执行"文字"|"创建工作路径"命令，即可沿文本轮廓创建出文字路径，从而进行更多的编辑操作。转换为工作路径后（不会产生新的图层），可以自由移动工作路径，如图4-36所示。使用"直接选择工具"单击锚点可以对文字路径进行调整，如图4-37所示。

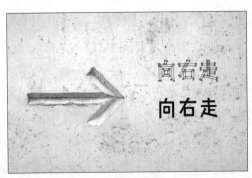

图 4-36

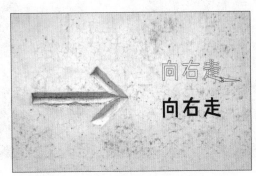

图 4-37

2. 创建文本绕排路径

使用路径工具绘制路径，将鼠标指针移至路径上方，当鼠标指针变为ℐ形状时，如图4-38所示，在路径上单击鼠标，光标会自动吸附到路径上，此时即可输入文字，如图4-39所示。

图 4-38

图 4-39

3. 创建区域路径文本

使用路径工具绘制闭合路径，使用文本工具在封闭的路径内单击，创建的文本将位于封闭路径内部，即路径变为段落文本的文本框，限制文本的走向，如图4-40、图4-41所示。

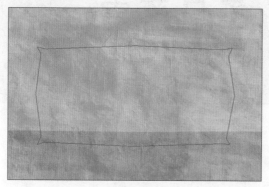

图 4-40

图 4-41

4.3.4 将文字转换为形状

输入文字后，执行"文字"｜"转换为形状"命令，或在"图层"面板的图层名称右侧的空白处右击，在弹出的快捷菜单中选择"转换为形状"命令，可将文本转换为形状，如图4-42所示。转换后可以更改文字形状图层的颜色，如图4-43所示。使用"直接选择工具"单击锚点可以对文字形状的路径进行调整。

图 4-42

学习笔记

图 4-43

4.3.5　栅格化文字

在文字图层状态下可更改文字的大小、字体、颜色等参数，若要在文字图层上进行绘制、应用滤镜等操作，需要将文字图层转换为普通图层，栅格化后无法进行字体的更改。

将文字图层栅格化为普通图层，常见的有三种操作方法。

● 执行"图层"｜"栅格化"｜"文字"命令。

● 执行"文字"｜"栅格化文字图层"命令。

● 在"图层"面板的图层名称右侧的空白处右击，在弹出的快捷菜单中选择"栅格化文字"命令，如图4-44、图4-45所示。

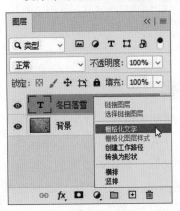

图 4-44

图 4-45

课堂练习 **制作帆船俱乐部徽章**

此次课堂练习将搭配使用椭圆工具与横排文字工具，创建圆形路径文字效果。综合练习本小节的知识点，熟练掌握形状工具的模式选择与文字使用。

步骤 01 新建1∶1比例文档，选择椭圆工具 ◯，按住Shift键绘制正圆，如图4-46所示。

步骤 02 在选项栏中设置填充参数，如图4-47所示。

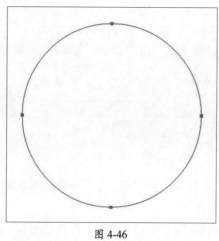

图 4-46

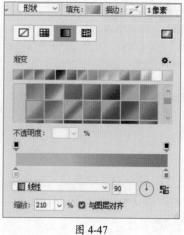

图 4-47

步骤 03 按Ctrl+J组合键复制正圆，按Ctrl+T组合键自由变换，如图4-48所示。

步骤 04 在选项栏中设置"填充"为无，"描边"为20像素、白色，如图4-49所示。

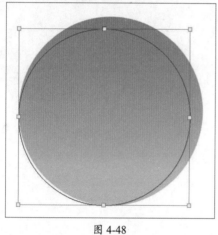

图 4-48

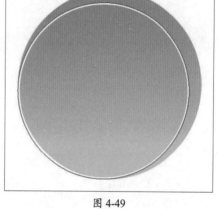

图 4-49

步骤 05 框选两个正圆，在选项栏中单击"水平居中对齐"按钮 ＋ 和"垂直居中对齐"按钮 ＋，如图4-50所示。

步骤 06 执行"视图"|"显示"|"网格"命令，显示网格，如图4-51所示。

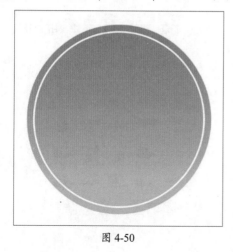

图 4-50

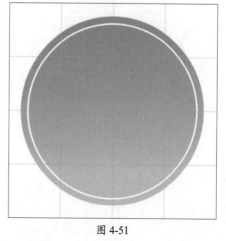

图 4-51

💡 操作技巧

　　执行"编辑"|"首选项"|"参考线、网格和切片"命令，在打开的"首选项"对话框中可以对参考线、网格以及切片的参数进行设置，如图4-52所示。

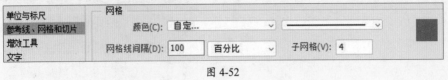

图 4-52

　　步骤 07 在"图层"面板中新建空白图层，选择椭圆工具，在选项栏中将模式设置为"路径"，按住Shift+Alt组合键从中心向外绘制正圆，如图4-53所示。

　　步骤 08 选择横排文字工具输入文字，在"字符"面板中设置参数，按住Ctrl键拖动可调整路径文字的位置，如图4-54所示。

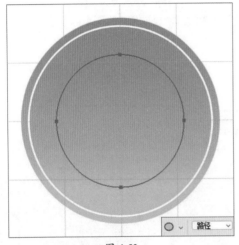

图 4-53

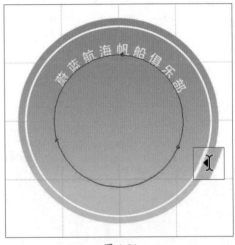

图 4-54

　　步骤 09 单击任意位置完成调整，如图4-55所示。

　　步骤 10 选择"自定形状工具"，在选项栏中将模式设置为"形状"，选择"帆船-3"形状，如图4-56所示。

图 4-55

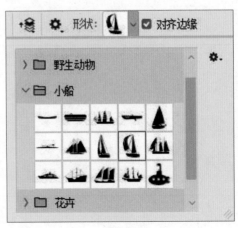

图 4-56

步骤 **11** 按住Shift键拖动绘制，如图4-57所示。

步骤 **12** 继续输入文字，执行"视图"|"显示"|"网格"命令隐藏网格，如图4-58所示。

图 4-57

图 4-58

学 习 心 得

强化训练

1. 项目名称

制作公路文字。

2. 项目分析

制作公路上的透视文字，例如减速慢行或其他公路标语。主要操作是创建文本，对文字进行处理，贴合公路质感使用混合选项进行调整，使其更加自然。

3. 项目效果

项目效果如图4-59、图4-60所示。

图 4-59

图 4-60

4. 操作提示

①打开素材文档，输入文字调整间距。

②复制文字后将其转换为形状，自由变换调整透视显示。

③调整图层样式中的混合颜色带。

第 **5** 章

图像的绘制

内容导读

在Photoshop中使用填充类工具和修复修饰类工具可以绘制各类图像、对图像细节进行修复操作。不管是针对图像明暗色调的调整，还是去除图像中的杂点，以及复制局部图像等操作，都可以通过工具箱中的不同工具来实现。

要点难点

- 熟悉画笔工具组的使用
- 掌握图像擦除工具的使用
- 掌握图像修复工具的使用
- 掌握历史记录工具的使用
- 掌握图章工具的使用
- 掌握修饰工具的使用

5.1 图像的绘制 ///////////////////////

在Photoshop中，可以使用画笔工具组和填色工具组来绘制图像。其中，画笔工具组可以实现细致的图像绘制，而填色工具组可以实现大面积的图像绘制。

5.1.1 画笔工具组的使用

画笔工具组包括画笔工具 ✎、铅笔工具 ✎、颜色替换工具 ✎ 和混合器画笔工具 ✎。画笔工具创建画笔描边；铅笔工具创建硬边线条；颜色替换工具可以将选定颜色替换为新颜色；混合器画笔工具可以模拟真实的绘画效果。

1. 画笔工具 ───────────────────────

画笔工具可以使用前景色绘制出各种线条，同时也可以修改通道和蒙版。选择画笔工具 ✎，显示其选项栏，如图5-1所示。

图 5-1

操作技巧

按[键细化画笔，按]键加粗画笔。对于实边圆、柔边圆和书法画笔，按Shift+[组合键可减小画笔硬度，按Shift+]组合键可增加画笔硬度。

该选项栏中主要选项的功能介绍如下。

- **画笔预设**：在工具选项栏中单击画笔预设右边的三角按钮☑，在预设下拉面板中还可以设置画笔的大小和硬度，如图5-2所示。大小：设置画笔的粗细；硬度：控制画笔边缘的柔和程度。

- **模式**：设置画笔绘画颜色与底图的混合效果。

- **不透明度**：设置绘画图像的不透明度，该数值越小，透明度越高。

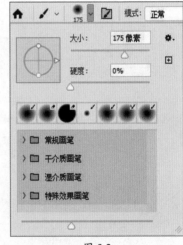

图 5-2

- **流量**：设置画笔墨水的流量大小，该数值越大，墨水的流量越大，配合"不透明度"设置可以创建更加丰富的笔调效果。

- **启用喷枪样式的建立效果**：转换画笔为喷枪工作状态。喷枪可以使用极少量的颜色使图像显得柔和，是增加亮度和阴影的最佳工具，而且喷枪描绘的颜色具有柔和的边缘。

- **平滑**：设置绘画时图像的平滑度，数值越大，平滑度越高。单击❀按钮，可启用一个或多个模式，有拉绳模式、描边补齐、补齐描边末端以及调整缩放。

● **设置绘画的对称选项** ⊠ ：单击该按钮会有多种对称类型，例
如垂直、水平、双轴、对角线、波纹、圆形螺旋线、平行
线、径向、曼陀罗。

2. 铅笔工具

铅笔工具可以使用前景色绘制出硬边缘线条。选择铅笔工具 ✐ ，
显示其选项栏，如图5-3所示。

图 5-3

在选项栏中除了"自动抹除"选项外，其他选项均与画笔工具
相同。勾选"自动抹除"复选框，铅笔工具会自动选择以前景色或
背景色作为画笔的颜色。若起始点为前景色，则以背景色作为画笔
颜色；若起始点为背景色，则以前景色作为画笔颜色。

3. 颜色替换工具

颜色替换工具可以在保留图像原有材质与明暗的基础上，用前
景色替换图像中的色彩。选择颜色替换工具 ✎ ，显示其选项栏，如
图5-4所示。

图 5-4

该选项栏中主要选项的功能介绍如下。

● **模式**：设置替换颜色的模式，包括颜色、色相、饱和度和明
度。当选择"颜色"模式时，可以同时替换色相、饱和度和
明度。

● **取样方式**：设置所要替换颜色的取样方式，包括"连续" ✍ 、
"一次" ✍ 和"背景色板" ✍ 三种方式。

● **限制**：设置替换颜色的方式。"连续"表示替换与取样点相
接或邻近的颜色相似区域；"不连续"表示替换在容差范围
内所有与取样颜色相似的像素；"查找边缘"表示替换与取
样点相连的颜色相似区域，能较好地保留替换位置颜色反差
较大的边缘轮廓。

● **容差**：控制替换颜色区域的大小。数值越小，替换的颜色就
越接近色样颜色，所替换的范围也就越小，反之替换的范围
越大。

● **消除锯齿**：勾选该复选框，在替换颜色时，将得到较平滑的
图像边缘。

> 💡 **操作技巧**
>
> 在操作时，按住Shift键的
> 同时单击并拖动鼠标，可以控
> 制画笔在水平方向或垂直方向
> 绘制线条。

课堂练习 替换物品颜色

此次课堂练习将使用快速选择工具创建选区，通过颜色替换工具涂抹更改选区颜色。综合练习本小节的知识点，熟练掌握快速选择工具与颜色替换工具的使用。

步骤 01 将素材图像拖入Photoshop中，如图5-5所示。

步骤 02 使用快速选择工具选取需要更改颜色的区域，创建选区，如图5-6所示。

图 5-5  　　　　　　　　　　　　　　图 5-6

步骤 03 单击前景色按钮，在弹出的"拾色器（前景色）"对话框中设置前景色，如图5-7所示。

步骤 04 选择颜色替换工具 ，按]键调整画笔大小，涂抹选区，按Ctrl+D组合键取消选区，如图5-8所示。

图 5-7 　　　　　　　　　　　　　　

图 5-8

4. 混合器画笔工具

混合器画笔工具可以模拟真实的绘画技术，如混合画布上的颜色、组合画笔上的颜色以及在描边过程中使用不同的绘画湿度。选择混合器画笔工具 ，显示其选项栏，如图5-9所示。

图 5-9

- **潮湿：**设置画笔从画布拾取的油彩量，较高的设置会产生较长的绘画条痕。
- **载入：**设置储槽中载入的油彩量，载入速率较低时，绘画描边干燥的速度会更快。
- **混合：**设置画布油彩量同储槽油彩量的比例。比例为100%时，所有油彩将从画布中拾取；比例为0%时，所有油彩都来自储槽。
- **对所有图层取样：**勾选该复选框，拾取所有可见图层中的画布颜色。

5.1.2 填色工具组

在Photoshop中，不仅可以对图像进行描绘操作，还可以使用填色工具组对图像的画面或选区进行填充，如纯色填充、渐变填充、图案填充等。填色工具组主要包括油漆桶工具 ◇ 和渐变工具 ■。

1. 油漆桶工具 ————————————————————

选择油漆桶工具 ◇，显示其选项栏，如图5-10所示，在其中可设置填充物的混合模式、不透明度，以及填充物的容差范围等选项。

图 5-10

该选项栏中主要选项的功能介绍如下。

- **填充：**可选择前景或图案两种填充方式。当选择图案填充时，可在右侧的下拉列表中选择相应的图案。
- **不透明度：**设置填充的颜色或图案的不透明度。
- **容差：**设置油漆桶工具填充的图像区域。
- **消除锯齿：**消除填充区域边缘的锯齿形。
- **连续的：**若勾选此复选框，则填充的区域是和鼠标单击点相似并连续的部分；若取消勾选此复选框，则填充的区域是所有和鼠标单击点相似的像素，无论是否和鼠标单击点相连续。
- **所有图层：**勾选该复选框，所做的操作作用于所有图层。

2. 渐变工具 ————————————————————

选择渐变工具 ■，显示其选项栏，如图5-11所示。选择合适的渐变类型后，在图像或选区中拖动，即可创建对应的渐变效果。

图 5-11

该选项栏中主要选项的功能介绍如下。

- **渐变颜色条：**显示当前渐变颜色，单击右侧的下拉按钮 ☑，可

知识拓展

油漆桶工具常与吸管工具一起搭配使用，选择"吸管工具" 𝒥，可以从当前图像或屏幕上的任何位置采集色样。

以打开"渐变"拾色器，如图5-12所示。单击渐变颜色条，则弹出"渐变编辑器"对话框，在该对话框中可以进行渐变编辑，如图5-13所示。

图 5-12   图 5-13

 学习笔记

● **线性渐变**▫：以直线的方式从不同方向创建起点到终点的渐变，如图5-14所示。

● **径向渐变**▫：以圆形的方式创建起点到终点的渐变，如图5-15所示。

● **角度渐变**▫：围绕起点以逆时针扫描的方式创建渐变，如图5-16所示。

图 5-14   图 5-15   图 5-16

● **对称渐变**▫：使用均衡的线性渐变在起点的任意一侧创建渐变，如图5-17所示。

● **菱形渐变**▫：以菱形方式从起点向外产生渐变，终点定义菱形的一个角，如图5-18所示。

图 5-17   图 5-18

- **模式：**设置应用渐变时的混合模式。
- **不透明度：**设置应用渐变时的不透明度。
- **反向：**勾选该复选框，得到反方向的渐变效果。
- **仿色：**勾选该复选框，可以使渐变效果更加平滑，防止打印时出现条带化现象，但在显示屏上不能明显地显示出来。
- **透明区域：**勾选该复选框，可以创建包含透明像素的渐变。

5.2 图像擦除工具

橡皮擦工具组中的工具可以擦除背景或图像中不需要的区域，包括橡皮擦工具 ◢、背景橡皮擦工具 ✹ 和魔术橡皮擦工具 ✹。

5.2.1 橡皮擦工具

橡皮擦工具在不同的图层模式下有不同的擦除效果。在背景图层下擦除，擦除的部分显示为背景色；在普通图层状态下擦除，图像将被直接擦除。选择橡皮擦工具 ◢，显示其选项栏，如图5-19所示。

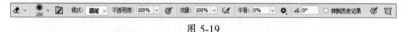

图 5-19

该选项栏中主要选项的功能介绍如下。
- **模式：**该工具可以使用画笔工具和铅笔工具的参数，包括笔刷样式、大小等。若选择"块"模式，橡皮擦工具将使用方块笔刷。
- **不透明度：**若不想完全擦除图像，则可以降低不透明度。
- **抹到历史记录：**在擦除图像时，可以使图像恢复到任意一个历史状态。该方法常用于将图像的局部恢复到前一个状态。

5.2.2 背景橡皮擦工具

背景橡皮擦工具可用于擦除指定颜色，并将被擦除的区域以透明色填充。选择背景橡皮擦工具 ✹，显示其选项栏，如图5-20所示。

图 5-20

该选项栏中主要选项的功能介绍如下。
- **限制：**在该下拉列表中包含3个选项。若选择"不连续"选项，则擦除图像中所有具有取样颜色的像素；若选择"连续"选项，则擦除图像中与光标相连的具有取样颜色的像素；若选择"查找边缘"选项，则在擦除与光标相连区域的同时保留图像中物体锐利的边缘效果。

学习笔记

- **容差**：设置被擦除的图像颜色与取样颜色之间的差异。数值越小被擦除的图像颜色与取样颜色越接近，擦除的范围越小；数值越大则擦除的范围越大。
- **保护前景色**：勾选该复选框，可防止具有前景色的图像区域被擦除。

5.2.3　魔术橡皮擦工具

魔术橡皮擦工具具有魔棒工具与背景橡皮擦工具的功能，可以将一定容差范围内的背景颜色全部清除而得到透明区域。选择魔术橡皮擦工具 ，显示其选项栏，如图5-21所示。

图 5-21

该选项栏中主要选项的功能介绍如下。
- **消除锯齿**：勾选该复选框，将得到较平滑的图像边缘。
- **连续**：勾选该复选框，仅擦除与单击处相连接的区域。
- **对所有图层取样**：勾选该复选框，将利用所有可见图层中的组合数据来采集色样，否则只对当前图层的颜色信息进行取样。

课堂练习　**抠取主体物**

此次课堂练习将使用魔术橡皮擦工具搭配吸管工具擦除背景抠取主体物。综合练习本小节的知识点，熟练掌握背景橡皮擦工具和吸管工具的使用。

步骤 01 将素材图像拖入Photoshop中，如图5-22所示。

步骤 02 选择吸管工具吸取前景色，如图5-23所示。

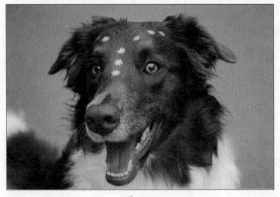

图 5-22

图 5-23

步骤 03 按住Alt键吸取背景色，如图5-24所示。

步骤 04 选择背景橡皮擦工具擦除背景，在操作中可根据需要更改前景色和背景色，如图5-25所示。

图 5-24

图 5-25

5.3 图像修复工具

图像修复工具可以修复图像中的缺陷，使修复的结果自然融入周围的图像，并保持其纹理、亮度和层次与所修复的像素相匹配。

📝 学习笔记

5.3.1 污点修复画笔工具

污点修复画笔工具可用于校正瑕疵。在修复时，可以将取样像素的纹理、光照和阴影与源像素进行匹配，从而使修复后的像素不留痕迹地融入图像的其余部分。

选择污点修复画笔工具 ，显示其选项栏，如图5-26所示。

图 5-26

该选项栏中"类型"选项的功能介绍如下。

● **内容识别**：选中该选项，将使用比较接近的图像内容，不留痕迹地填充选区，同时保留让图像栩栩如生的关键细节，如阴影和对象边缘。

● **创建纹理**：选中该选项，将使用选区中的所有像素创建用于修复该区域的纹理。

● **近似匹配**：选中该选项，将使用选区边缘周围的像素来查找要用作选定区域修补的图像区域。

5.3.2 修复画笔工具

修复画笔工具在使用前需要按住Alt键在无污点位置进行取样，再用取样点的样本图像来修复图像。修复画笔工具在修复时，在颜色上会与周围颜色进行一次运算，使其更好地与周围颜色融合。

选择修复画笔工具 ✎，显示其选项栏，如图5-27所示。

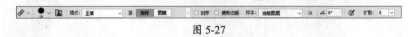

图 5-27

学习笔记

该选项栏中主要选项的功能介绍如下。

- **源**：指定用于修复像素的源。选中"取样"选项可以使用当前图像的像素，而选中"图案"选项可以使用某个图案的像素。选中"图案"选项可在其右侧的下拉列表中选择已有的图案用于修复。

- **扩散**：控制粘贴的区域以怎样的速度适应周围的图像。图像中如果有颗粒或精细的细节则选择较低的值，图像如果比较平滑则选择较高的值。

5.3.3 修补工具

修补工具适用于对图像的某一块区域进行修补操作。修补工具会将样本像素的纹理、光照和阴影与源像素进行匹配。选择修补工具 ◉，显示其选项栏，如图5-28所示。

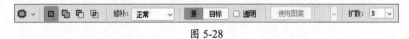

图 5-28

该选项栏中主要选项的功能介绍如下。

- **修补**：设置修补方式。在该下拉列表中可选择"正常"与"内容识别"选项。

- **源**：选中该选项，修补工具将从目标选区修补源选区。

- **目标**：选中该选项，则修补工具将从源选区修补目标选区。

- **透明**：勾选该复选框，可使修补的图像与原图像产生透明的叠加效果。

课堂练习 去除风景照片上的人物

此次课堂练习将使用污点修复画笔工具、套索工具与其他修复工具去除风景照片上多余的部分。综合练习本小节的知识点，熟练掌握图像修复工具的使用方法。

步骤 **01** 将素材图像拖入Photoshop中，如图5-29所示。

步骤 **02** 选择污点修复画笔工具涂抹需要去除的区域，如图5-30所示。

图 5-29

图 5-30

步骤 **03** 涂抹后的效果如图5-31所示。

步骤 **04** 选择污点修复画笔工具继续涂抹需要去除的区域，如图5-32所示。

图 5-31

图 5-32

步骤 **05** 选择套索工具绘制选区，如图5-33所示。选择修补工具绘制选区，拖动至合适的区域释放内容识别。

步骤 **06** 使用修复工具整体调整，如图5-34所示。

图 5-33

图 5-34

5.4 历史记录工具组

历史记录工具组包括两个工具：历史记录画笔工具 ✐ 和历史记录艺术画笔工具 ✐ 。

5.4.1 历史记录画笔工具

历史记录画笔工具的主要功能是恢复图像，它与画笔工具选项栏相似，可用于设置画笔的样式、模式以及不透明度等。

历史记录画笔工具通常与"历史记录"面板搭配使用。

执行"窗口"|"历史记录"命令，弹出"历史记录"面板，如图5-35所示。在操作过程中可随时修改画笔源和创建快照。单击"调整历史记录画笔的源"按钮 ✐ ，如图5-36所示。选择任意一个操作步骤，单击面板底部的 ◉ 按钮创建快照，如图5-37所示。

操作技巧

在默认情况下该面板中列出以前的50个操作状态，较早的状态会被自动删除。按Ctrl+K组合键，在"首选项"对话框中的"性能"选项中可以更改历史记录操作状态的数量。

图 5-35

图 5-36

图 5-37

5.4.2 历史记录艺术画笔工具

历史记录艺术画笔工具使用指定历史记录状态或快照中的源数据，以风格化描边进行绘画。选择历史记录艺术画笔工具 ✐ ，显示其选项栏，如图5-38所示。在选项栏中可以设置不同的绘画样式、大小和容差选项，用不同的色彩和艺术风格模拟绘画的纹理。

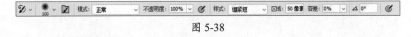
图 5-38

该选项栏中主要选项的功能介绍如下。

- **样式：** 在其下拉列表中选择一个选项来控制绘画描边的形状。
- **区域：** 输入数值指定绘画描边所覆盖的区域。值越大，覆盖的区域就越大，描边的数量也就越多。
- **容差：** 输入数值以限定可应用绘画描边的区域。设置低容差，可在图像中的任何地方绘制无数条描边。设置高容差，将绘画描边限定在与源状态或快照中的颜色明显不同的区域。

5.5 图章工具

图章工具组是常用的修饰工具组，可以选择图像的不同部分，并将它们复制到同一个文件或另一个文件中，主要用于对图像的内容进行复制，或修补局部的图像。

5.5.1 仿制图章工具

使用仿制图章工具可分为两步，即取样和复制。按住Alt键先对源区域进行取样，然后在文件的目标区域单击并拖动鼠标，将显示取样区域的内容。选择仿制图章工具 ，显示其选项栏，如图5-39所示。

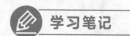 学习笔记

图 5-39

该选项栏中主要选项的功能介绍如下。

- **对齐**：勾选该复选框，可以对像素连续取样，而不会丢失当前的取样点；若取消勾选该复选框，则会在每次停止并重新开始绘画时使用初始取样点中的样本像素。
- **样本**：从指定的图层中进行数据取样。若选择"当前图层"选项，则只对当前图层进行取样；若选择"当前和下方图层"选项，则可以在当前图层和下方图层进行取样；若选择"所有图层"选项，则会从所有可视图层进行取样。

课堂练习 **仿制克隆猫**

此次课堂练习将使用仿制图章工具搭配历史记录工具仿制克隆猫。综合练习本小节的知识点，熟练掌握仿制图章工具的使用。

步骤 01 将素材图像拖入Photoshop中，如图5-40所示。

步骤 02 选择仿制图章工具，按住Alt键取样，如图5-41所示。

图 5-40

图 5-41

步骤 **03** 从下向上涂抹应用，如图5-42所示。

步骤 **04** 选择历史记录工具调整不透明度涂抹修复，如图5-43所示。

图 5-42

图 5-43

5.5.2　图案图章工具

使用图案图章工具可自定义图案或使用图案库里的图像进行绘画设计。选择图案图章工具 🖼，显示其选项栏，如图5-44所示。

![选项栏]
图 5-44

学习笔记

该选项栏中主要选项的功能介绍如下。

- **图案：**单击 按钮，在弹出的下拉列表中可以选择所需的图案样式。
- **对齐：**勾选该复选框，可保持图案与原始起点的连续性；取消勾选该复选框，则每次单击鼠标都会重新应用图案。
- **印象派效果：**勾选该复选框，绘制的图案具有印象派绘画的艺术效果。

5.6　修饰工具

使用修饰工具可以细致地调整图像的颜色，如模糊图像、锐化图像、加深或减淡图像颜色等。

5.6.1　模糊、锐化和涂抹工具

模糊工具组包括模糊工具、锐化工具和涂抹工具，常用于调整图像的对比度和清晰度。

1. 模糊工具

模糊工具可以柔化图像，产生一种模糊效果。选择模糊工具

○,显示其选项栏,如图5-45所示。在选项栏中设置的强度数值越大,模糊效果越明显。

图 5-45

2. 锐化工具

锐化工具与模糊工具相反,是将画面中模糊的部分变得清晰。选择锐化工具 △,显示其选项栏,如图5-46所示。

图 5-46

🔍 知识拓展

锐化的原理是提高像素的对比度使其看上去清晰,使用时一般在事物的边缘,锐化程度不能太大,如果过分锐化图像,则整个图像将变得失真。

3. 涂抹工具

涂抹工具可以模拟在未干的绘画纸上拖动手指的动作,也可用于修复有缺憾的图像边缘。若图像中颜色与颜色之间的边界过渡强硬,则可以使用涂抹工具进行涂抹,以使边界柔和过渡。选择涂抹工具 ✎,显示其选项栏,如图5-47所示。

图 5-47

🔍 知识拓展

在该选项栏中,若勾选"手指绘画"复选框,单击鼠标拖动时,则使用前景色与图像中的颜色相融合;若取消勾选该复选框,则使用开始拖动时的图像颜色。

5.6.2 减淡、加深和海绵工具

图像颜色调整工具组包括减淡工具、加深工具和海绵工具,可以对图像的局部进行色调和颜色调整。

1. 减淡工具

减淡工具可以对图像的暗部、中间调、亮部分别进行减淡处理。选择减淡工具 ✐,显示其选项栏,如图5-48所示。

图 5-48

该选项栏中主要选项的功能介绍如下。

● **范围**:用于设置加深的作用范围,包括3个选项,分别为阴影、中间调和高光。"阴影"表示修改图像的暗部,如阴影区域等;"中间调"表示修改图像的中间色调区域,即介于阴影和高光之间的色调区域;"高光"表示修改图像的亮部。

● **曝光度**:用于设置对图像色彩减淡的程度,取值范围在0%～100%之间,输入的数值越大,对图像减淡的效果就越明显。

● **保护色调**:勾选该复选框后,使用加深或减淡工具进行操作时可以尽量保护图像原有的色调不失真。

2. 加深工具

减淡工具和加深工具都是调整图像的色调，它们分别通过增加和减少图像的曝光度来变亮或变暗图像，其功能与"亮度/对比度"命令类似。

选择加深工具 🖑，在选项栏中设置参数，将鼠标移动到需要处理的位置，单击并拖动鼠标进行涂抹即可应用加深效果。

3. 海绵工具

海绵工具用于改变图像局部的色彩饱和度，因此对于黑白图像的处理效果很不明显。选择海绵工具 🖊，显示其选项栏，如图5-49所示。

图 5-49

该选项栏中主要选项的功能介绍如下。

● **模式：** 该选项用于设置饱和度的方式，其中包括"去色"和"加色"两种。

● **流量：** 在设置饱和度的过程中，流量越大效果越明显。

● **自然饱和度：** 勾选此复选框，可以在增加饱和度的同时防止颜色过度饱和产生溢色现象。

强化训练

1. 项目名称

突出主体图像。

2. 项目分析

在一些产品海报或艺术海报中，会将背景转为黑白色，主体物则保持原色。在调整过程中要注意图像边缘，主体可适当地进行加色处理。

3. 项目效果

项目效果如图5-50、图5-51所示。

图 5-50

图 5-51

4. 操作提示

①打开素材文档，复制图层，原图层去色。

②在复制的图层中使用历史记录工具涂抹恢复主体花朵。

③选择海绵工具设置加色模式，涂抹主体。

第 **6** 章

色彩和色调

内容导读

　　色彩调整是Photoshop处理图像的一项看家本领。通过调整图像色彩的纯度、色调的饱和度，能够使原本暗淡无光的图像变得光彩夺人。

要点难点

- 了解图像色彩的分布
- 掌握图像色调的调整方法
- 掌握图像色彩的调整方法
- 掌握特殊颜色效果的调整方法

6.1 图像色彩分布的查看 ////////////////////////

直方图是用图形表示图像的每个亮度级别的像素数量，展示每个亮度级别的像素在图像中的分布情况。默认情况下，直方图显示整个图像的色调范围，如图6-1所示。若要显示图像某一部分的直方图数据，则须先选择该部分，如图6-2所示。

图 6-1

💡 操作技巧

要刷新直方图，有以下三种方法。

❶可以在面板中的任何位置双击。

❷单击"告诉缓存数据警告"按钮 ⚠。

❸单击"不使用高速缓存的刷新"按钮 ↻。

图 6-2

执行"窗口"|"直方图"命令，显示"直方图"面板，单击▤按钮，在弹出的菜单中可选择显示视图。

● **扩展视图：**显示有统计数据的直方图。可选择多种通道进行查看，如图6-3所示。

● **紧凑视图：**默认视图，显示不带控件或统计数据的直方图。该直方图代表整个图像，如图6-4所示。

● **全部通道视图：**除了"扩展视图"的所有选项外，还显示各个通道的单个直方图，如图6-5所示。单个直方图不包括Alpha通道、专色通道或蒙版。

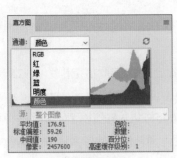

图 6-3

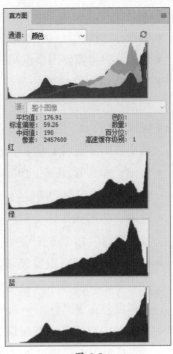

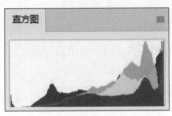

图 6-4

图 6-5

学习笔记

6.2 调整图像的色调

在Photoshop软件中，还有一些颜色命令专门用于调整图像的亮度，可以提亮或者调暗图像颜色。

6.2.1 色阶

使用"色阶"命令可以调整图像的暗调、中间调和高光等颜色范围。执行"图像"|"调整"|"色阶"命令或按Ctrl+L组合键，弹出"色阶"对话框，如图6-6所示。

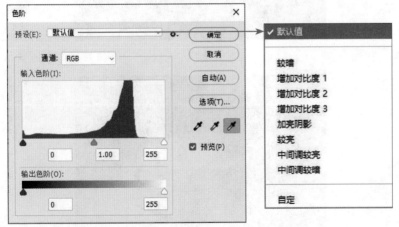

图 6-6

该对话框中主要选项的功能介绍如下。

- **预设**：选择预设色阶效果。
- **通道**：设置需要调整色调的通道。
- **输入色阶**：该选项分别对应直方图中的三个滑块，拖动即可调整其阴影、高光以及中间调。
- **输出色阶**：用于限定图像亮度范围，其取值范围为0～255，两个数值分别用于调整暗部色调和亮部色调。
- **自动**：单击该按钮，Photoshop将以0.5的比例对图像进行调整，把最亮的像素调整为白色，而把最暗的像素调整为黑色。
- **选项**：单击该按钮，打开"自动颜色校正选项"对话框，设置"阴影"和"高光"所占比例。
- **从图像中取样以设置黑场 ✐**：单击该按钮在图像中取样，可以将单击处的像素调整为黑色，同时图像中比该单击点亮的像素也会变成黑色。
- **从图像中取样以设置灰场 ✐**：单击该按钮在图像中取样，可以根据单击点设置为灰度色，从而改变图像的色调。
- **从图像中取样以设置白场 ✐**：单击该按钮在图像中取样，可以将单击处的像素调整为白色，同时图像中比该单击点亮的像素也会变成白色。

图6-7、图6-8所示为调整色阶前后效果对比图。

图 6-7

图 6-8

6.2.2 曲线

使用"曲线"命令可以调整图像的明暗度。执行"图像"|"调整"|"曲线"命令或按Ctrl+M组合键，弹出"曲线"对话框，如图6-9所示。

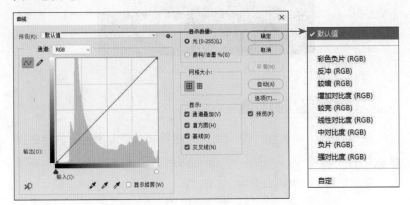

图 6-9

该对话框中主要选项的功能介绍如下。

- **预设**：Photoshop已对一些特殊调整做了设定，在其中选择相应选项即可快速调整图像。
- **通道**：可选择需要调整的通道。
- **曲线编辑框**：曲线的水平轴表示原始图像的亮度，即图像的输入值；垂直轴表示处理后新图像的亮度，即图像的输出值；曲线的斜率表示相应像素点的灰度值。在曲线上单击可创建控制点。
- **编辑点以修改曲线** ：表示以拖动曲线上的控制点的方式来调整图像。
- **通过绘制来修改曲线** ：单击该按钮后，将鼠标指针移到曲线编辑框中，当指针变为 形状时单击并拖动，即可绘制需要的曲线来调整图像。
- **█ █ 按钮**：控制曲线编辑框中曲线的网格数量。
- **"显示"选项组**：包括"通道叠加""基线""直方图"和"交叉线"4个复选框，只有勾选这些复选框才会在曲线编辑框里显示3个通道叠加以及基线、直方图和交叉线的效果。

图6-10、图6-11所示为调整曲线中各通道前后的效果对比。

图 6-10

图 6-11

6.2.3 亮度/对比度

使用"亮度/对比度"命令可以对图像的色调范围进行简单的调整。执行"图像"|"调整"|"亮度/对比度"命令,弹出"亮度/对比度"对话框,如图6-12所示。

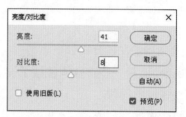

图 6-12

将"亮度"滑块向右移动会增加色调值并扩展图像高光;向左移动会减少色调值并扩展阴影。"对比度"滑块可扩展或收缩图像中色调值的总体范围。图6-13、图6-14所示为调整亮度/对比度前后的效果。

图 6-13

图 6-14

| 课堂练习 | **校正照片颜色** |

此次课堂练习将使用色阶与亮度/对比度命令矫正照片颜色。综合练习本小节的知识点，熟练掌握"色阶"与"亮度/对比度"命令的使用方法。

步骤 01 将素材图像拖入Photoshop中，如图6-15所示。

步骤 02 按Ctrl+L组合键，在弹出的对话框中单击 ✎ 按钮在图像中取样，如图6-16所示。

图 6-15

图 6-16

步骤 03 执行"图像"|"调整"|"亮度/对比度"命令，在弹出的对话框中设置参数，如图6-17所示。

步骤 04 设置完成后，单击"确定"按钮，效果如图6-18所示。

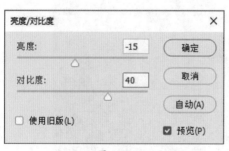

图 6-17

图 6-18

6.3 调整图像的色彩

在Photoshop软件中，拥有很多调整图像色彩的命令，如色彩平衡、色相/饱和度等，都可以针对图像的某一种颜色或整体色彩进行改变和修饰。

6.3.1 色彩平衡

使用"色彩平衡"命令可以增加或减少图像的颜色，使图层的整体色调更加平衡。执行"图像"|"调整"|"色彩平衡"命令或按Ctrl+B组合键，弹出"色彩平衡"对话框，如图6-19所示。

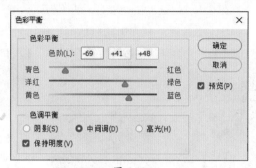

图 6-19

学习笔记

该对话框中主要选项的功能介绍如下。

- **"色彩平衡"选项组**：在"色阶"文本框中输入数值即可调整组成图像的6个不同原色的比例，也可将青色/红色、洋红/绿色或黄色/蓝色滑块移向要添加到图像的颜色。
- **"色调平衡"选项组**：选择任意色调平衡选项（阴影、中间调或高光）。勾选"保持明度"复选框，可防止图像的明度值随颜色的更改而改变。

调整色彩平衡前后效果如图6-20、图6-21所示。

图 6-20

图 6-21

6.3.2 色相/饱和度

使用"色相/饱和度"命令可以调整整个图像或者局部的色相、饱和度和亮度，从而改变图像的色彩。执行"图像"|"调整"|"色相/饱和度"命令或按Ctrl+U组合键，弹出"色相/饱和度"对话框，如图6-22所示。

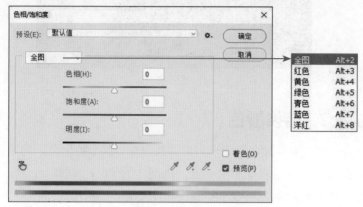

图 6-22

该对话框中主要选项的功能介绍如下。

- **预设**：在该下拉列表框中提供了8种色相/饱和度预设，单击"预设选项"按钮 可对当前设置的参数进行保存，或者载入一个新的预设调整文件。
- **通道** ：在该下拉列表框中提供了7种通道，选择通道后，可以拖动色相、饱和度、明度的滑块进行调整。选择"全图"选项，可一次性调整整幅图像中的所有颜色。若选择"全图"选项之外的选项，则色彩变化只对当前选中的颜色起作用。
- **移动工具**：在图像上单击并拖动可修改饱和度，按住Ctrl键单击可修改色相。
- **着色**：勾选"着色"复选框，图像整体偏向于单一色调，如图6-23、图6-24所示。

图 6-23

学习笔记

图 6-24

6.3.3　替换颜色

使用"替换颜色"命令可以替换图像中某个特定范围的颜色，以调整色相、饱和度和明度值。执行"图像"|"调整"|"替换颜色"命令，弹出"替换颜色"对话框，如图6-25所示。

学习笔记

图 6-25

打开"替换颜色"对话框后，在图像中使用吸管工具单击要改变的颜色区域，预览框中就会出现灰度图像，呈白色的区域表示要更改的颜色范围，黑色区域表示不会改变颜色的范围。

拖动调整"颜色容差"参数，可扩大或缩小有效区域的范围。设置结果颜色、色相、饱和度或明度，更改选定区域的颜色与色相/饱和度。

图6-26、图6-27所示为"替换颜色"前后对比效果图。

图 6-26

图 6-27

操作技巧

使用吸管工具时，按住
Shift键在图像中单击将添加
区域；按住Alt键单击将移去
区域；按住Ctrl键，可将该预
览框在选区和图像显示之间
切换。

6.3.4　可选颜色

使用"可选颜色"命令可以校正颜色的平衡，主要针对RGB、
CMYK和黑、白、灰等主要颜色的组成进行调节。可以选择性地在
图像的某一主色调成分中增加或减少印刷颜色含量，而不影响该印
刷色在其他主色调中的表现，从而对图像的颜色进行校正。

执行"图像"|"调整"|"可选颜色"命令，弹出"可选颜色"
对话框，如图6-28所示。

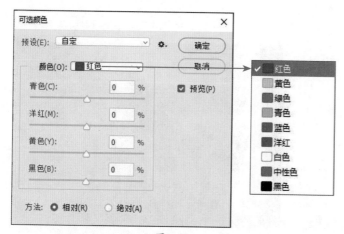

图 6-28

课堂练习 调整照片色调

此次课堂练习将通过创建可选颜色调整图层，调整照片色调。综合练习本小节的知识点，熟练掌握调整图层与可选颜色命令的使用。

步骤 01 将素材图像拖入Photoshop中，如图6-29所示。

步骤 02 在"图层"面板中创建"可选颜色"调整图层，在"属性"面板中选择"绿色"并设置参数，如图6-30所示。

图 6-29   图 6-30

步骤 03 在"属性"面板中选择"青色"并设置参数，如图6-31、图6-32所示。

图 6-31   图 6-32

步骤 04 在"属性"面板中选择"红色"并设置参数，如图6-33、图6-34所示。

图 6-33   图 6-34

步骤 05 创建"色相/饱和度"调整图层，在"属性"面板中选择"绿色"通道并设置参数，如图6-35、图6-36所示。

图 6-35

图 6-36

6.3.5 匹配颜色

使用"匹配颜色"命令可将一个图像作为源图像，另一个图像作为目标图像。以源图像的颜色与目标图像的颜色进行匹配。源图像和目标图像可以是两个独立的文件，也可以匹配同一个图像中不同图层之间的颜色。

执行"图像"|"调整"|"匹配颜色"命令，弹出"匹配颜色"对话框，如图6-37所示。

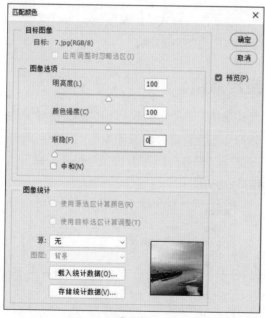

图 6-37

知识拓展

"匹配颜色"命令仅适用于RGB模式图像。

6.3.6　通道混合器

使用"通道混合器"命令可以创建高品质的灰度图像或其他色调图像，以及进行创造性的颜色调整。执行"图像"|"调整"|"通道混合器"命令，弹出"通道混合器"对话框，如图6-38所示。

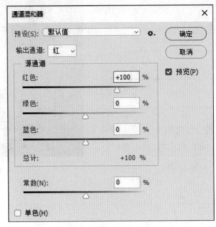

图 6-38

该对话框中主要选项的功能介绍如下。

- **输出通道：** 在该下拉列表中可以选择对某个通道进行混合。
- **源通道：** 拖动滑块可以减少或增加源通道在输出通道中所占的百分比。
- **常数：** 该选项可将一个不透明的通道添加到输出通道，若为负值则为黑通道，若为正值则为白通道。
- **单色：** 勾选"单色"复选框，则对所有输出通道应用相同的设置，创建该色彩模式下的灰度图，也可继续调整参数让灰度图像呈现不同的质感效果。

6.3.7　照片滤镜

使用"照片滤镜"命令可以模拟相机镜头前滤镜的效果来进行色彩调整，该命令还允许选择预设的颜色，以便向图像应用色相调整。执行"图像"|"调整"|"照片滤镜"命令，弹出"照片滤镜"对话框，如图6-39所示。

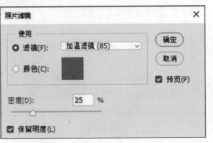

图 6-39

该对话框中主要选项的功能介绍如下。

- **滤镜**：在该下拉列表中选取一个滤镜颜色。
- **颜色**：单击颜色方块，在弹出的拾色器中为自定义颜色滤镜指定颜色。
- **密度**：调整应用于图像的颜色数量。直接输入参数或拖动滑块调整，密度越高，颜色调整幅度就越大。
- **保留明度**：勾选该复选框，以保持图像的整体色调平衡，防止图像的明度值随颜色的更改而改变。

6.3.8 阴影/高光

使用"阴影/高光"命令可以调整图像中阴影和高光的分布，矫正曝光过度或者曝光不足的图像。该命令不是单纯地使图像变亮或变暗，而是通过计算，对图像局部进行明暗处理，单独将图像的暗部提亮，或是将过于明亮的图像调整成正常效果。执行"图像"|"调整"|"阴影/高光"命令，弹出"阴影/高光"对话框，如图6-40所示。

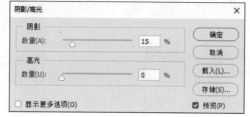

图 6-40

课堂练习 为照片添加滤镜

此次课堂练习将通过创建照片滤镜调整图层，从而调整照片色调。综合练习本小节的知识点，熟练掌握调整图层与照片滤镜命令的使用方法。

步骤 01 将素材图像拖入Photoshop中，如图6-41所示。

步骤 02 在"图层"面板中创建"照片滤镜"调整图层，在"属性"面板中选择"冷却滤镜（82）"选项并调整密度为32%，如图6-42所示。

图 6-41

图 6-42

步骤 03 调整 "不透明度" 为80%，如图6-43所示。

步骤 04 调整后的效果如图6-44所示。

图 6-43

图 6-44

6.4 特殊颜色效果的调整 ⫰⫰⫰⫰⫰⫰⫰⫰⫰⫰⫰

在Photoshop中，通过一些颜色调整命令可以实现特殊的效果，例如反相、去色、阈值、色调分离以及黑白。

6.4.1 反相

使用 "反相" 命令可以将图像颜色翻转，产生照片胶片的图像效果。执行 "图像" | "调整" | "反相" 命令或按Ctrl+I组合键，应用 "反相" 命令前后效果如图6-45、图6-46所示。

图 6-45

图 6-46

6.4.2 去色

使用 "去色" 命令可以去除图像的色彩，将图像中所有颜色的饱和度变为0，使图像显示为灰度图，每个像素的亮度值不会改变。执行 "图像" | "调整" | "去色" 命令或按Shift+Ctrl+U组合键，应用 "去色" 命令前后效果如图6-47、图6-48所示。

图 6-47

图 6-48

6.4.3 阈值

使用"阈值"命令可以将图像转换成只有黑白两种色调的高对比度黑白图像。执行"图像"|"调整"|"阈值"命令，弹出"阈值"对话框，如图6-49所示。

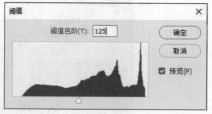

图 6-49

在该对话框中，将图像像素的亮度值一分为二，比阈值亮的像素将转换为白色，而比阈值暗的像素将转换为黑色，其效果如图6-50、图6-51所示。

图 6-50

学习笔记

图 6-51

6.4.4 色调分离

使用"色调分离"命令可以指定图像中每个通道色调级（或亮度值）的数目，然后将这些像素映射为最接近的匹配色调。执行"图像"|"调整"|"色调分离"命令，弹出"色调分离"对话框，如图6-52所示。

图 6-52

在对话框中拖动滑块调整参数，其取值范围为2～255，数值越小，分离效果越明显，其效果如图6-53、图6-54所示。

图 6-53

学习笔记

图 6-54

6.4.5　黑白

使用"黑白"命令可以生成色调较为丰富的灰色调图像，它可以将彩色图像转换为灰度图像，同时保持对各颜色转换方式的完全控制。也可以通过为图像应用色调来将彩色图像转换为单色图像。

执行"图像"|"调整"|"黑白"命令，弹出"黑白"对话框，如图6-55所示。

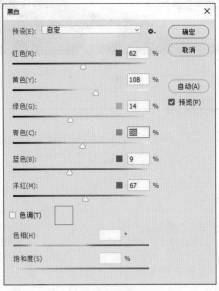

图 6-55

此次课堂练习将通过创建黑白调整图层将彩色照片转换为高品质的黑白照片。综合练习本小节的知识点，熟练掌握调整图层与黑白命令的使用。

步骤 01 将素材图像拖入Photoshop中，如图6-56所示。

步骤 02 在"图层"面板中创建"黑白"调整图层，效果如图6-57所示。

步骤 03 在"属性"面板中单击"自动"按钮，效果如图6-58所示。

图 6-56

图 6-57

图 6-58

步骤 04 优化黑白对比效果，调整参数，如图6-59所示。

步骤 05 调整参数后的效果如图6-60所示。

步骤 06 勾选"色调"复选框，可以设置单色效果，如图6-61所示。

图 6-59

图 6-60

图 6-61

强化训练

1. 项目名称

调整人物肤色。

2. 项目分析

在拍摄人物时，会因为光线、场景等多方面影响，导致人物肤色不自然。在对人物调色时，要注意选区的羽化值，使人物肤色自然过渡。

3. 项目效果

项目效果如图6-62、图6-63所示。

图 6-62

图 6-63

4. 操作提示

①打开素材文档，选择套索工具，设置羽化值。

②局部创建选区，依次创建可选颜色、色彩平衡以及曲线调整图层。

Photoshop

第 **7** 章

通道与蒙版的
应用

内容导读

通道是存储不同类型信息的灰度图像，对我们编辑的每一幅图像都有重大的影响，是Photoshop必不可少的一种工具。蒙版可用来保护被遮蔽的区域，具有高级选择功能，同时也能够对图像的局部进行颜色的调整，而使图像的其他部分不受影响。

要点难点

- 了解通道的类型
- 掌握通道的基本操作方法
- 掌握剪贴蒙版与图层蒙版的创建方法
- 掌握蒙版的基本操作方法

7.1　认识通道

通道对于大多数设计师来说，是个非常好用的辅助作图的工具，它可以帮助设计师实现更为复杂的图像编辑。

7.1.1　"通道"面板

"通道"面板主要用于创建、存储、编辑和管理通道。执行"窗口"|"通道"命令，弹出"通道"面板，如图7-1所示。

图 7-1

该面板中主要选项的功能介绍如下。

● **指示通道可见性图标**👁：图标为👁形状时，图像窗口显示该通道的图像，单击该图标后，图标变为□形状，表示可隐藏该通道的图像。

● **将通道作为选区载入**⊙：单击该按钮可将当前通道快速转换为选区。

● **将选区存储为通道**▣：单击该按钮可将图像中选区之外的部分转换为蒙版的形式，将选区保存在新建的Alpha通道中。

● **创建新通道**⊞：单击该按钮可创建一个新的Alpha通道。

● **删除当前通道**🗑：单击该按钮可删除当前通道。

7.1.2　通道的类型

在Photoshop中，图像默认由颜色信息通道组成。除了颜色信息通道外，还可以添加Alpha通道和专色通道。

1. 颜色通道

颜色信息通道是在打开新图像时自动创建的。图像的颜色模式决定了所创建的颜色通道的数目。例如，RGB颜色模式的图像用于编辑图像的复合通道（RGB）和红、绿、蓝共四种通道，如图7-5所示。CMYK颜色模式的图像则有CMYK、青色、洋红、黄色、黑色五种通道，如图7-6所示。

🔍 **知识拓展**

更改通道缩览图主要有两种方法。

❶在"通道"面板的空白处右击，在弹出的快捷菜单中选择缩览图显示方式，如图7-2所示。

图 7-2

❷单击"通道"面板右上角的菜单按钮☰，在弹出的菜单中选择"面板选项"选项，在弹出的对话框中可以设置缩览图大小，如图7-3、图7-4所示。

图 7-3

图 7-4

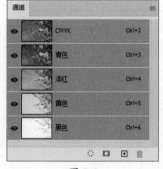

图 7-5 图 7-6

2. Alpha 通道

Alpha通道主要用来保存选区，这样就可以在Alpha通道中变换选区或者编辑选区，得到具有特殊效果的选区。

3. 专色通道

专色通道是一种特殊的通道，用来存储专色。专色是特殊的预混油墨，用来替代或者补充印刷色油墨，以便更好地体现图像效果。在印刷时每种专色都要求专用的印版，所以要印刷带有专色的图像，则需要创建存储这些颜色的专色通道。例如，画册中常见的纯红色、蓝色以及证书中的烫金、烫银效果等。

7.2 通道的基本操作

在通道面板中，颜色通道除了可以复制颜色信息、分离与合并通道外，还可以通过显示与隐藏通道、复制与删除通道来编辑图像。

7.2.1 创建Alpha通道

创建出Alpha通道后，就可以在其中添加选区、图像等内容，以便进行更多编辑选区的操作。单击面板底部的"创建新通道"按钮 ⊞ 可以新建一个空白通道；单击面板右上角的菜单按钮 ☰，在弹出的菜单中选择"新建通道"选项，在弹出的对话框中设置参数，如图7-7所示，单击"确定"按钮，即可创建Alpha通道，如图7-8所示。

图 7-7 图 7-8

学习笔记

该面板中主要选项的功能介绍如下。

- **名称：**用于设置新通道的名称，其默认名称为Alpha1。
- **色彩指示：**用于确认新建通道的颜色显示方式。选中"被蒙版区域"单选按钮，表示新建通道中的黑色区域代表蒙版区，白色区域代表保存的选区；选中"所选区域"单选按钮，含义则相反。
- **颜色：**单击颜色色块，设置蒙版显示的颜色。

7.2.2 创建专色通道

单击面板右上角的菜单按钮▤，在弹出的菜单中选择"新建专色通道"选项，弹出"新建专色通道"对话框，如图7-9所示。在该对话框中设置专色通道的颜色和名称，单击"确定"按钮即可新建专色通道，如图7-10所示。

知识拓展

在删除颜色通道时，如果删除的是红、绿、蓝通道中的任意一个，那么RGB通道也会被删除；如果删除RGB通道，那么除了Alpha通道和专色通道以外的所有通道都将被删除。

图 7-9

图 7-10

7.2.3 复制与删除通道

复制或删除通道的方法非常简单：只须拖动需要复制或删除的通道至"创建新通道"按钮▣或"删除当前通道"按钮🗑上并释放鼠标即可。

复制通道还有另一种方法：选择需要复制的通道，右击鼠标，在弹出的快捷菜单中选择"复制通道"命令，在弹出的对话框中设置参数，如图7-11、图7-12所示。

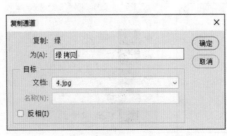

图 7-11

图 7-12

7.2.4　分离与合并通道

在Photoshop中，可以将通道进行分离或者合并。分离通道可将
一个图像文件中的各个通道以独立文件的形式进行存储，而合并通
道可以将分离的通道合并在一个图像文件中。

1. 分离通道

分离通道是将通道中的颜色或选区信息分别存放在不同的灰度
模式的图像中，分离通道后也可对单个通道中的图像进行操作，常
用于无须保留通道的文件格式而只保存单个通道信息等情况。

在Photoshop中打开一张需要分离通道的图像，如图7-13所示。
单击面板右上角的菜单按钮▤，在弹出的菜单中选择"分离通道"
选项，如图7-14所示。

图 7-13

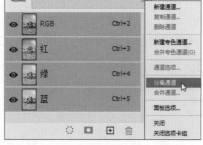

图 7-14

软件自动将图像分离为三个灰度
图像：红、绿、蓝通道，如图7-15、
图7-16、图7-17所示。

图 7-15

学习笔记

图 7-16   图 7-17

2. 合并通道

 学习笔记

　　合并通道是将多个灰度图像合并为一个图像的通道。要合并的图像必须是处于灰度模式，并且已被拼合（没有图层）且具有相同的像素尺寸，以及处于打开状态。

　　任选一张分离后的灰度图像，单击面板右上角的菜单按钮，在弹出的菜单中选择"合并通道"选项，在弹出的"合并通道"对话框中选择"RGB颜色"选项，如图7-18所示。单击"确定"按钮，弹出"合并RGB通道"对话框，如图7-19所示。

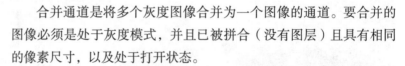

图 7-18

图 7-19

此次课堂练习将使用通道面板抠取人物。综合练习本小节的知识点，熟练掌握通道抠图的使用方法。

步骤 01 将素材图像拖入Photoshop中，如图7-20所示。

步骤 02 在"通道"面板中观察各个通道，将对比最明显的"蓝"通道拖至"创建新通道"按钮 田上复制该通道，如图7-21、图7-22所示。

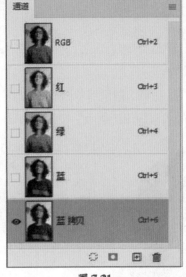

| 图 7-20 | 图 7-21 | 图 7-22 |

步骤 03 选择减淡工具，设置模式为"高光"，在背景区域涂抹，如图7-23所示。

步骤 04 按Ctrl+M组合键，在弹出的"曲线"对话框中，单击 ✐ 按钮，吸取背景的颜色，增强主体物与背景的对比效果，如图7-24、图7-25所示。

步骤 05 选择加深工具，设置模式为"阴影"，在主体区域涂抹，如图7-26所示。

| 图 7-23 | 图 7-24 |

图 7-25   图 7-26

步骤 06 按住Ctrl键的同时单击"蓝 拷贝"通道缩览图载入选区，如图7-27所示。

步骤 07 单击"图层"面板底端的"添加图层蒙版"按钮 ▣ 为图层添加蒙版，如图7-28所示。

图 7-27   图 7-28

步骤 08 添加蒙版后的效果如图7-29所示。

步骤 09 拖入素材，调整显示大小和图层顺序，如图7-30、图7-31所示。

图 7-29   图 7-30   图 7-31

7.3 认识蒙版

蒙版是Photoshop中的高级编辑技巧，也是设计工作中必不可少的一项作图技巧。蒙版包括快速蒙版、剪贴蒙版和图层蒙版，其中图层蒙版更是重中之重。

7.3.1 快速蒙版

快速蒙版用来创建、编辑和修改选区的外观。打开图像后，单击工具箱中的"以快速蒙版模式编辑"按钮◙或按Q键，进入快速蒙版，单击"画笔工具"，适当调整画笔大小，在图像中需要添加快速蒙版的区域进行涂抹，涂抹后的区域呈半透明红色显示，如图7-32所示。再按Q键可退出快速蒙版创建选区，如图7-33所示。

图 7-32

图 7-33

操作技巧

快速蒙版主要用于快速处理当前选区，不会生成相应附加图层。在涂抹创建选区时，可选择橡皮擦工具擦除多选部分区域。

7.3.2 剪贴蒙版

剪贴蒙版就是使用下方图层的图像轮廓来控制上方图层图像的显示区域。在使用剪贴蒙版处理图像时，内容层须在基础层的上方，才能对图像进行正确剪贴。剪贴蒙版可以有多个内容图层，这些图层必须是相邻、连续的，通过一个图层来控制多个图层的显示区域。

在"图层"面板中按住Alt键的同时将鼠标指针移至两图层间的分隔线上，当指针变为↓□形状时，单击鼠标左键即可，如图7-34、图7-35所示；或在"图层"面板中选择要进行剪贴的两个图层中的内容层，按Ctrl+Alt+G组合键创建剪贴蒙版，再次按Ctrl+Alt+G组合键可释放剪贴蒙版。

图 7-34

图 7-35

课堂练习　创建文字蒙版效果

　　此次课堂练习将使用文字工具创建文字，置入素材后创建剪贴蒙版并设置其样式。综合练习本小节的知识点，熟练掌握剪贴蒙版的使用。

　　步骤 01 按Ctrl+N组合键创建3∶4文档，输入文字，在"字符"面板中设置参数，如图7-36、图7-37所示。

图 7-36

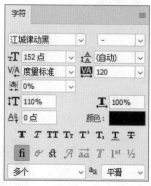

图 7-37

　　步骤 02 拖入素材并调整大小，如图7-38所示。

　　步骤 03 按Ctrl+Alt+G组合键创建剪贴蒙版，如图7-39所示。

图 7-38

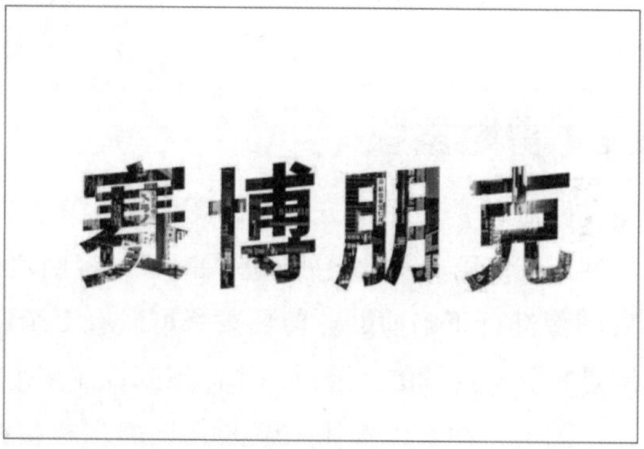

图 7-39

　　步骤 04 拖入素材并调整大小，置于最底层，效果如图7-40所示。

　　步骤 05 继续拖入素材并调整大小，效果如图7-41所示。

图 7-40

图 7-41

步骤 06 调整图层不透明度，如图7-42、图7-43所示。

图 7-42

图 7-43

步骤 07 双击文字图层，设置图层样式，如图7-44、图7-45所示。

图 7-44

图 7-45

步骤 08 创建"曲线"调整图层，在"属性"面板中设置参数，如图7-46所示。

步骤 09 按Ctrl+Alt+G组合键创建剪贴蒙版，如图7-47、图7-48所示。

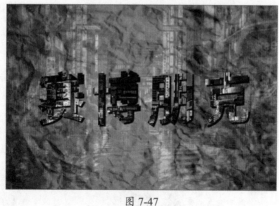

图 7-46

图 7-47

图 7-48

步骤 10 复制文字图层，将原文字图层置于最顶层，如图7-49、图7-50所示。

图 7-49   图 7-50

步骤 11 双击文字图层，更改图层样式，如图7-51、图7-52所示。

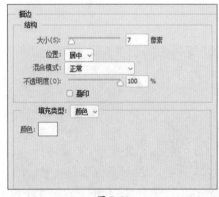

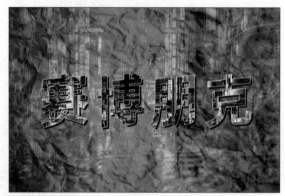

图 7-51   图 7-52

7.3.3   图层蒙版

图层蒙版可以无损编辑图像，即在不损失图像的前提下，将部分图像隐藏，并可以随时根据需要重新修改隐藏的部分。

选中图层后，按住Alt键单击面板中的"添加图层蒙版"按钮◻，可以隐藏整个图层蒙版，如图7-53所示。

单击面板中的"添加图层蒙版"按钮◻，可以为当前图层创建一个空白的图层蒙版，如图7-54所示。

图 7-53   图 7-54

创建蒙版后，可以使用画笔、加深、减淡、模糊、锐化、涂抹等工具进行编辑，因此在编辑蒙版时具有较大的灵活性，并可以创建出特殊的图像合成效果，如图7-55、图7-56所示。

图 7-55

图 7-56

在创建图层蒙版时，如果当前文件中存在选区，就可以从选区创建蒙版。此时将会显示选区中的图像，隐藏选区外的图像，如图7-57、图7-58所示。

图 7-57

图 7-58

操作技巧

编辑图层蒙版，可以在蒙版区域添加或删减内容。

● 若要从蒙版中减去并显示图层，使用白色画笔工具涂抹蒙版。

● 若要使图层部分可见，须将蒙版绘成灰色。灰色越深，色阶越透明；灰色越浅，色阶越不透明。

● 若要在蒙版中添加并隐藏图层或组，须将蒙版绘成黑色，下方图层变为可见。

7.4 蒙版的基本操作

创建蒙版之后，可对蒙版图层进行编辑。蒙版的编辑包括蒙版的停用、启用、移动、复制、删除和应用等。

7.4.1 编辑图层蒙版

编辑图层蒙版可以在"属性"面板中进行操作。可以像处理选区一样，更改蒙版的不透明度、翻转蒙版以及调整蒙版边界。创建蒙版后，单击蒙版缩览图，执行"窗口"|"编辑"命令，弹出"属性"面板，如图7-59所示。

该面板中主要选项的功能介绍如下。

● **矢量蒙版** ：单击该按钮创建矢量蒙版，如图7-60所示。

● **密度**：调整蒙版的不透明度。当密度为100%时，蒙版将不透明并遮挡图层下方的所有区域；密度越低，蒙版下的区域变得越可见。

● **羽化:** 为蒙版边缘应用羽化样式,创建比较柔和的过渡效果,如图7-61所示。

图 7-59

图 7-60

图 7-61

● **选择并遮住:** 单击"选择并遮住"按钮,进入"选择并遮住"工作区修改蒙版边缘,可以在不同的背景下查看蒙版。

● **颜色范围:** 单击"颜色范围"按钮,进入"色彩范围"对话框,选择现有选区或整个图像内指定的颜色或色彩范围,如图7-62所示。

图 7-62

● **反相：** 单击 "反相" 按钮，反选选中的区域，如图7-63所示。

图 7-63

7.4.2 停用和启用蒙版

停用和启用蒙版可以对图像使用蒙版前后的效果进行对比观察。

1. 停用蒙版

若想暂时取消图层蒙版的应用，可以右击图层蒙版缩览图，在弹出的快捷菜单中选择 "停用图层蒙版" 命令；按住Shift键的同时单击图层蒙版缩览图也可以停用图层蒙版功能，如图7-64所示。

2. 启用蒙版

停用的图层蒙版缩览图中会出现一个红色的 "×" 标记，若要重新启用图层蒙版，只需再次右击图层蒙版缩览图，在弹出的快捷菜单中选择 "启用图层蒙版" 命令，或者按住Shift键的同时单击图层蒙版缩览图即可恢复蒙版效果，如图7-65所示。

学习笔记

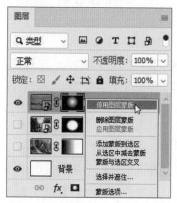

图 7-64

图 7-65

7.4.3 移动和复制蒙版

蒙版可以在不同的图层之间进行复制或者移动。在"图层"面板中移动图层蒙版和复制图层蒙版，得到的图像效果是完全不同的。

1. 复制蒙版

若要复制蒙版，可按住Alt键并拖动蒙版到其他图层，如图7-66、图7-67所示。

| 图 7-66 | 图 7-67 |

学习笔记

2. 移动蒙版

若要移动蒙版，只需将蒙版拖动到其他图层即可，如图7-68、图7-69所示。

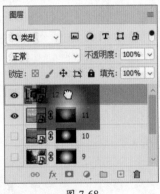

| 图 7-68 | 图 7-69 |

7.4.4 删除和应用蒙版

可以直接删除蒙版，也可以应用图层蒙版以永久删除图层的隐藏部分。

1. 删除蒙版

若需删除图层蒙版，可以在"图层"面板中的蒙版缩览图上单击鼠标右键，在弹出的快捷菜单中选择"删除图层蒙版"命令。也可以拖动图层蒙版缩览图到"删除图层"按钮🗑上，释放鼠标，在弹出的对话框中单击"删除"按钮，如图7-70、图7-71所示。

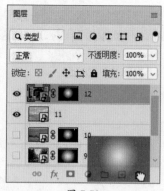

| 图 7-70 | 图 7-71 |

2. 应用蒙版

应用图层蒙版就是将使用蒙版后的图像效果集成到一个图层中，其功能类似于合并图层。应用图层蒙版需将图层转换为普通图层，在图层蒙版缩览图上单击鼠标右键，在弹出的快捷菜单中选择"应用图层蒙版"命令，如图7-72、图7-73所示。或在"属性"面板中单击"应用蒙版"按钮 。

学习笔记

| 图 7-72 | 图 7-73 |

强化训练

1. 项目名称

制作错位图像效果。

2. 项目分析

错位效果在制作一些赛博朋克效果中经常会运用到。通过在不同颜色的通道中创建选区并移动，可制作不同颜色的错位效果。

3. 项目效果

项目效果如图7-74、图7-75所示。

图 7-74

图 7-75

4. 操作提示

①打开素材文档，在"通道"面板中单击"红"通道，全选后移动，返回到RGB通道查看效果。

②重复操作，可选择不同的通道移动制作错位效果。

Photoshop

第**8**章

路径的应用

内容导读

通过Photoshop中的路径功能可以绘制图形，使用路径工具可以绘制任何所需的图形。本章将讲述路径功能的使用方法和技巧。

要点难点

● 掌握路径的创建方法
● 掌握路径的编辑方法
● 掌握路径和选区的转换与编辑方法

8.1　认识路径

路径可以是平滑的直线或曲线，也可以是由多个锚点组成的闭合形状。在Photoshop中，所有使用钢笔工具 ✎ 或其他工具绘制的路径，都存储在"路径"面板中。执行"窗口"|"路径"命令，弹出"路径"面板，如图8-1所示。

图 8-1

学习笔记

该面板中主要选项的功能介绍如下。

- **路径缩览图和路径名称**：显示路径的大致形状和路径名称，双击名称后可为该路径重命名。
- **用前景色填充路径** ●：单击该按钮，将使用前景色填充当前路径。
- **用画笔描边路径** ○：单击该按钮，可用画笔工具和前景色为当前路径描边。
- **将路径作为选区载入** ⬡：单击该按钮，可将当前路径转换成选区，此时还可对选区进行其他编辑操作。
- **从选区生成工作路径** ◇：单击该按钮，将选区转换为工作路径。
- **添加图层蒙版** ▣：单击该按钮，为路径添加图层蒙版。
- **创建新路径** ⊡：单击该按钮，创建新的路径图层。
- **删除当前路径** 🗑：单击该按钮，删除当前路径图层。

8.2　创建路径

使用路径工具既可以绘制各种外观的路径，也可以绘制方形、圆形等规则形路径。

8.2.1　绘制自由路径

使用钢笔工具、自由钢笔工具以及弯度钢笔工具可以自由地绘制各种外观的路径。

1.钢笔工具

钢笔工具是最基本的路径绘制工具，可以使用该工具创建或编辑直线、曲线及自由的线条、形状。选择钢笔工具 ✎，在选项栏中

将模式设置为"路径"，单击创建路径起点，此时在图像中会出现一
个锚点，继续单击创建锚点，锚点之间由直线连接，如图8-2所示。
在创建锚点时拖动鼠标指针拉出控制柄，可调节锚点两侧或一侧的
曲线弧度，如图8-3所示。当起点和终点的锚点重合时，鼠标指针会
变成🖋形状，路径会自动闭合。

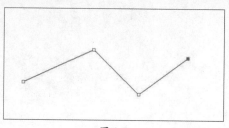

图 8-2

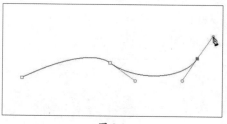

图 8-3

💡 操作技巧

在绘制路径时，再次单击
钢笔工具会结束该路径段的绘
制，也可以按住Ctrl键的同时
在画布的任意位置单击，以结
束当前的路径绘制。

课堂练习 **钢笔抠图**

此次课堂练习将使用钢笔工具抠取边界不清晰的主体。综合练习本小节的知识点，熟练掌握钢
笔工具的使用。

步骤 01 将素材图像拖入Photoshop中，如图8-4所示。

步骤 02 按Ctrl+J组合键复制图层，隐藏背景图层，如图8-5所示。

图 8-4

图 8-5

步骤 03 选择钢笔工具，将模式设置为"路径"，沿边缘创建闭合路径，如图8-6所示。

步骤 04 按Ctrl+Enter组合键创建选区，如图8-7所示。

图 8-6

图 8-7

步骤 05 按Ctrl+Shift+I组合键反选选区，如图8-8所示。

步骤 06 按Delete键删除选区，按Ctrl+D组合键取消选区，如图8-9所示。

图 8-8

图 8-9

步骤 07 按住Ctrl+空格键放大图像，选择魔棒工具单击创建选区，如图8-10所示。

步骤 08 按Delete键删除选区，按Ctrl+D组合键取消选区，如图8-11所示。

图 8-10

图 8-11

2. 自由钢笔工具

使用自由钢笔工具可以在图像窗口中拖动鼠标绘制任意形状的路径。在绘画时，将自动添加锚点，无须确定锚点的位置，路径绘制完成后同样可对其进行调整。

选择自由钢笔工具，在选项栏中勾选"磁性的"复选框，将创建连续的路径，同时会随着鼠标的移动产生一系列的锚点，如图8-12所示；若取消勾选该复选框，则可创建不连续的路径，如图8-13所示。

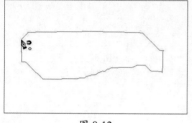

图 8-12

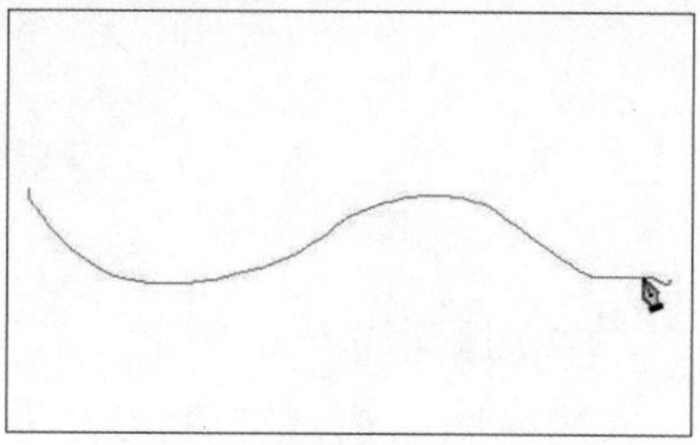

图 8-13

✎ 学习笔记

3. 弯度钢笔工具

使用弯度钢笔工具可以轻松地绘制平滑曲线和直线段。使用这个工具，可以创建自定义形状，或定义精确的路径。在使用的时候，无须切换工具就能创建、切换、编辑、添加或删除平滑点或角点。

选择弯度钢笔工具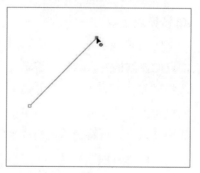，单击确定起始点，绘制第二个点时为直线段，如图8-14所示，绘制第三个点时，这三个点就会形成一条连接的曲线，将鼠标指针移到锚点处，当鼠标指针变为▶形状时，可随意移动锚点位置，如图8-15所示。闭合路径后可拖动锚点调整路径，如图8-16所示。

图 8-14

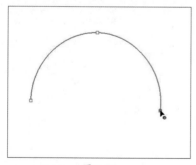

图 8-15

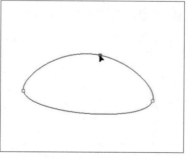

图 8-16

4. 添加和删除锚点工具

路径可以是平滑的直线或曲线，也可以是由多个锚点组成的闭合形状，在路径中添加锚点或删除锚点都能改变路径的形状。

（1）添加锚点

选择添加锚点工具 💧，将鼠标指针移到要添加锚点的路径上，当鼠标指针变为 ⅏ 形状时单击鼠标即可添加一个锚点，添加的锚点以实心显示，此时拖动该锚点可以改变路径的形状，如图8-17、图8-18所示。

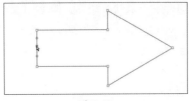

图 8-17   图 8-18

📝 **学习笔记**

（2）删除锚点

选择删除锚点工具 💧，将鼠标指针移到要删除的锚点上，当鼠标指针变为 ⅏ 形状时单击鼠标即可删除该锚点，删除锚点后路径形状会发生相应变化，如图8-19所示。

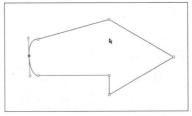

图 8-19

5. **转换点工具**

使用转换点工具 ∧ 可以对锚点的控制柄进行转换和编辑。选择转换点工具 ∧，单击锚点创建角点，如图8-20所示。单击并拖动锚点，可将角点转换成平滑点，出现方向线，如图8-21所示。单击任一方向点，即可将平滑点转换成具有独立方向线的角点，如图8-22所示。

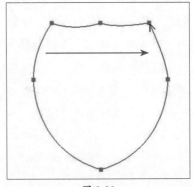

图 8-20

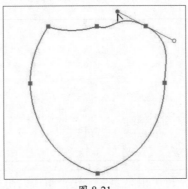

图 8-21

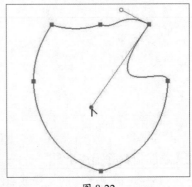

图 8-22

8.2.2　绘制规则路径

Photoshop的形状工具组中提供了多种几何图形，通过使用这些形状工具可以方便、快捷地绘制所需的图形，如矩形、圆形、多边形等。

1. 矩形工具

使用矩形工具可以绘制任意方形或具有固定长宽的矩形。选择矩形工具 ▢.，在文档中单击，在弹出的对话框中可以设置精确的宽度与高度，然后单击"确定"按钮即可。

在选项栏中将模式设置为"形状"，任意拖动可绘制矩形，如图8-23所示；按住Shift键拖动鼠标指针可以绘制出正方形，如图8-24所示；按住Alt键可以以鼠标指针为中心绘制矩形；按住Shift+Alt组合键可以以鼠标指针为中心绘制正方形。

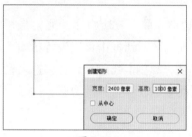

图 8-23

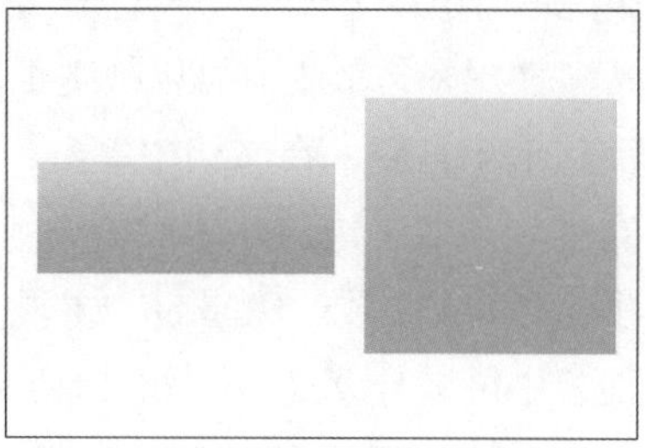

图 8-24

操作技巧

"属性"面板中的 ∞ 按钮表示将角半径值链接在一起，单击 ∞ 按钮将取消链接，可分别进行修改。

2. 圆角矩形工具

使用圆角矩形工具可以绘制带有一定圆角弧度的图形。圆角矩形工具不同于矩形工具的是，单击圆角矩形工具 ▢.，在选项栏中会出现"半径"文本框，输入的数值越大，圆角的弧度也越大。

在文档中单击，在弹出的对话框中可以设置精确的宽度、高度与角半径参数，如图8-25所示，单击"确定"按钮，效果如图8-26所示。绘制后会出现"属性"面板，可以更改圆角矩形的参数，如图8-27所示。

图 8-25

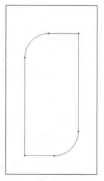

图 8-26

图 8-27

3. 椭圆工具

使用椭圆工具可以绘制椭圆形和正圆形，其操作方法和矩形工具一样。选择椭圆工具◯直接拖动可绘制椭圆，在选项栏中设置描边参数，如图8-28所示。按住Shift键拖动鼠标指针可绘制正圆，在"属性"面板中也可以设置描边参数，如图8-29所示。

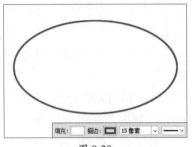

图 8-28

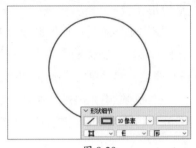

图 8-29

4. 多边形工具

使用多边形工具可以绘制正多边形（最少为3边）和星形。选择多边形工具⬡，在文档中单击，在弹出的对话框中可以设置精确的宽度、高度、边数、平滑缩进等参数，如图8-30所示，在其选项栏中也可设置边数，单击选项栏中的✿图标，在打开的"路径选项"面板中可进行设置，如图8-31所示。

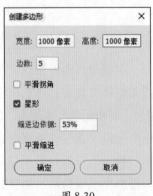

图 8-30

图 8-31

"路径选项"面板中主要选项的功能介绍如下。

- **半径**：设置多边形或星形的半径长度（单位：cm），单击即可创建。
- **平滑拐角**：勾选此复选框，可创建具有平滑拐角效果的多边形或星形，如图8-32所示。
- **星形**：勾选此复选框，可创建星形。"缩进边依据"选项主要用来设置星形边缘向中心缩进的百分比，数值越大，缩进量越大。图8-33所示为星形缩进边80%的效果。
- **平滑缩进**：勾选此复选框，可在"缩进边依据"文本框中输入缩进百分比。图8-34所示为平滑缩进80%的效果。

图 8-32

图 8-33

图 8-34

学习笔记

课堂练习　绘制简易超椭圆图标

此次课堂练习将使用椭圆工具绘制正圆膨胀创建超椭圆效果，搭配自定义形状工具绘制简易图标。综合练习本小节的知识点，熟练掌握椭圆工具以及自定义形状工具的使用。

步骤 01　按Ctrl+N组合键创建长宽比为4∶3的文档，如图8-35所示。

步骤 02　选择渐变工具，在选项栏中设置渐变参数，如图8-36所示。

图 8-35

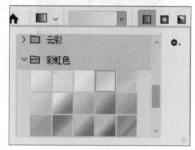
图 8-36

步骤 03　自上向下创建渐变，如图8-37所示。

步骤 04　选择椭圆工具，在选项栏中将模式设置为"形状"，按住Shift键绘制正圆，如图8-38所示。

图 8-37

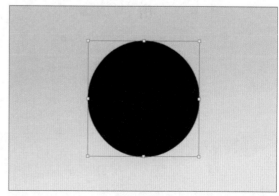
图 8-38

步骤 05 右击鼠标，在弹出的快捷菜单中选择"变形"命令，效果如图8-39所示。

步骤 06 在选项栏中的"变形"下拉列表框中选择"膨胀"选项，效果如图8-40所示。

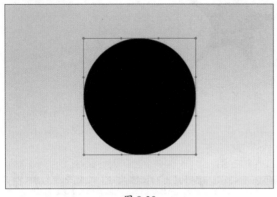

图 8-39   图 8-40

步骤 07 按Ctrl+T组合键自由变换，在选项栏中设置旋转为45°，效果如图8-41所示。

步骤 08 在形状工具状态下设置填充颜色，效果如图8-42所示。

图 8-41   图 8-42

步骤 09 选择"自定形状工具"，在选项栏中设置形状，如图8-43所示。

步骤 10 新建图层，按住Shift键绘制图形并设置填充颜色为白色，效果如图8-44所示。

   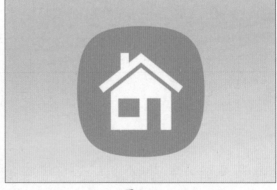

图 8-43   图 8-44

5. 直线工具

使用直线工具可以绘制直线和带有箭头的路径。在直线工具选项栏中可以设置线条的粗细，从而改变所绘制的直线路径宽度。选择直线工具 /，单击选项栏中的 ⚙ 图标，在打开的"路径选项"面板中可进行设置，如图8-45所示。

图 8-45

"路径选项"面板中主要选项的功能介绍如下。

- **起点/终点**：勾选"起点""终点"复选框，可在起点、终点处添加箭头。若同时勾选这两个复选框，则直线两端都有箭头。
- **宽度**：设置箭头宽度与线条粗细的百分比，范围为10%～1000%。
- **长度**：设置箭头长度与线条粗细的百分比，范围为10%～5000%。
- **凹度**：将箭头凹度设为长度的百分比，范围为-50%～50%。值为0%时，箭头尾部平齐；值大于0%时，箭头尾部向内凹陷；值小于0%时，箭头尾部向外凸出。

图8-46所示为不同参数设置的直线和箭头效果。

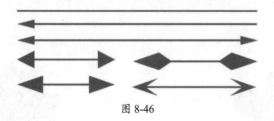

图 8-46

6. 自定形状工具

自定形状工具可以使用系统预设的形状进行绘制，还可以自定义自己喜欢的图像为图形路径，以方便重复使用。

选择自定形状工具 ⚡，单击选项栏中的 ⚙ 图标可选择预设的自定形状，如图8-47所示。

执行"窗口"｜"形状"命令，弹

图 8-47

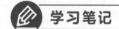

学习笔记

出"形状"面板，单击菜单按钮☰，在弹出的菜单中选择"旧版形状及其他"选项，即可添加旧版形状，如图8-48、图8-49所示。

图 8-48   图 8-49

8.3 编辑路径

路径创建出来之后，还可以继续使用路径编辑工具对其外观进行调整，通过编辑锚点即可改变路径的外观。

8.3.1 选择移动路径和锚点

Photoshop提供了两个路径选择工具，分别为路径选择工具与直接选择工具。路径选择工具用于选择和移动整个路径。直接选择工具用于移动路径的部分锚点或线段，或调整路径的方向点和方向线。

1. 路径选择工具——选择并移动路径

选择路径选择工具▶，将鼠标指针移动到需要选择的路径上，单击即可选择路径，按住鼠标左键不放进行拖动即可改变所选路径的位置，效果如图8-50、图8-51所示。

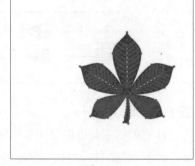

图 8-50   图 8-51

2. 直接选择工具——选择路径和锚点

选择直接选择工具▷，在路径上任意位置单击，选中的锚点显示为实心方形，出现锚点和控制柄，可根据需要对其进行调整编辑，效果如图8-52、8-53所示。

图 8-52

图 8-53

若选择多个锚点，可在目标位置拖动选框，然后释放鼠标即可选中，如图8-54、图8-55所示。

图 8-54

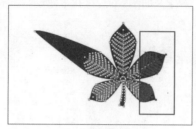

图 8-55

学习笔记

8.3.2 复制、删除路径

复制路径有多种方法，比较常用的就是在选择路径后，按住Alt键移动复制，如图8-56、图8-57所示。

图 8-56

图 8-57

若要删除整个路径，选中该路径按Delete键即可。

若要删除某段路径，使用直接选择工具选择所要删除的路径段，按Delete键即可删掉选中的路径，如图8-58、图8-59所示。

图 8-58

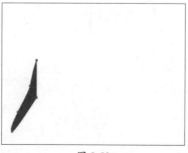

图 8-59

8.3.3　存储路径

在默认状态下，绘制的路径在"路径"面板中为工作路径。工作路径是一种临时性的路径，新绘制的路径将替代原有的工作路径，且系统不会做任何提示，为了方便后期调整，可将绘制的路径存储起来。

若将路径直接拖动到"路径"面板底部的"创建新路径"按钮上，即可默认为"路径1"。在"路径"面板中单击右上角的按钮≡，在弹出的菜单中选择"存储路径"选项，然后设置路径名称即可生成路径，如图8-60、图8-61所示。

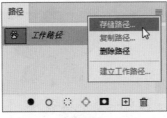 

图 8-60　　　　　　　　　　图 8-61

8.3.4　路径的运算

📝 学习笔记

创建多个路径或形状时，可在选项栏中单击相应的运算选项进行修改，如图8-62所示。

图 8-62

● **新建图层**：默认的路径操作，即新建路径生成新图层，如图8-63、图8-64所示。

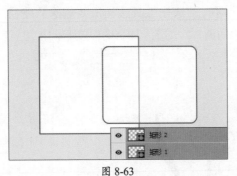 

图 8-63　　　　　　　　　　图 8-64

● **合并形状**⬛：将新区域添加到重叠路径区域，如图8-65所示。

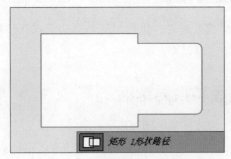

图 8-65

● **减去顶层形状**⬛：将新区域从重叠路径区域移去，如图8-66
所示。

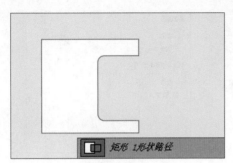

图 8-66

📝 **学习笔记**

● **与形状区域相交**⬛：将路径限制为新区域和现有区域的交叉区
域，如图8-67所示。

图 8-67

● **排除重叠形状**⬛：从合并路径中排除重叠区域，如图8-68所示。

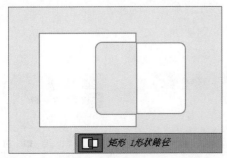

图 8-68

8.4 路径与选区

创建路径后若要对路径进行填充或描边等操作，须将其转换为选区。路径和选区可以相互转换。

8.4.1 路径转换为选区

将路径转换为选区常见的有以下几种方法。

- 选中路径，按Ctrl+Enter组合键可以快速将路径转换为选区。
- 选中路径，右击鼠标，在弹出的快捷菜单中选择"建立选区"命令，在弹出的"建立选区"对话框中设置"羽化半径"的参数，如图8-69、图8-70、图8-71所示。

图 8-69　　　　　　　图 8-70　　　　　　　图 8-71

- 在"路径"面板中，单击菜单按钮≡，在弹出的菜单中选择"建立选区"选项，在弹出的对话框中设置"羽化半径"的参数。
- 在"路径"面板中，按住Ctrl键，单击路径缩览图，如图8-72所示。

图 8-72

- 在"路径"面板中，单击"将路径作为选区载入"按钮◎，如图8-73所示；单击"从选区生成工作路径"按钮◇生成新路径，如图8-74所示。

图 8-73　　　　　　　　　图 8-74

8.4.2 描边与填充路径

绘制路径后，可对其进行描边和填充操作。

1. 描边路径

描边路径是沿已有的路径为路径边缘添加画笔线条效果，画笔的笔触和颜色可以自定义，例如画笔、铅笔、橡皮擦和图章工具等。

创建路径后，可使用以下两种方法对路径描边。

- 右击鼠标，在弹出的快捷菜单中选择"描边路径"命令，在弹出的"描边路径"对话框中设置参数。
- 在"路径"面板中，按住Alt键单击"用画笔描边路径"按钮○，在弹出的"描边路径"对话框中设置参数，如图8-75所示。若直接单击"用画笔描边路径"按钮○，即可使用画笔为当前路径描边。

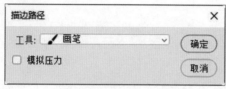

图 8-75

学习笔记

2. 填充路径

填充路径可在路径内部填充颜色或图案。

创建路径后，可使用以下两种方法对路径填充。

- 右击鼠标，在弹出的快捷菜单中选择"填充路径"命令，弹出"填充路径"对话框，设置参数。
- 在"路径"面板中，按住Alt键单击"用前景色填充路径"按钮●，在弹出的"填充路径"对话框中设置参数，如图8-76所示。直接单击"用前景色填充路径"按钮●，即可使用前景色填充当前路径。

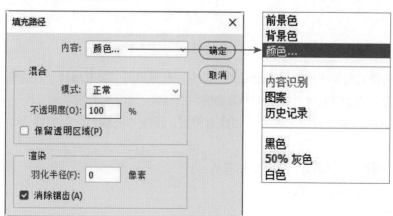

图 8-76

课堂练习 ▏ **绘制雪人图像**

此次课堂练习将使用椭圆工具、钢笔工具以及弯度钢笔工具绘制雪人。综合练习本小节的知识点，熟练掌握路径的创建、描边、填充以及路径与选区的转换。

步骤 01 按Ctrl+N组合键创建3∶4文档，填充10%灰色，如图8-77所示。

步骤 02 设置前景色为白色，选择椭圆工具绘制椭圆，如图8-78所示。

图 8-77

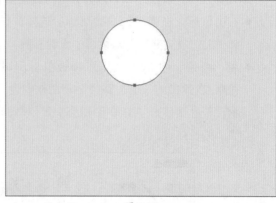

图 8-78

步骤 03 按住Alt键移动复制椭圆，按Ctrl+T组合键自由变换，按住Shift键上下左右拖动调整显示，如图8-79所示。

步骤 04 创建新图层，选择钢笔工具创建闭合路径，如图8-80所示。

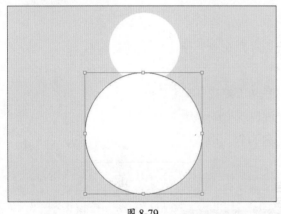

图 8-79

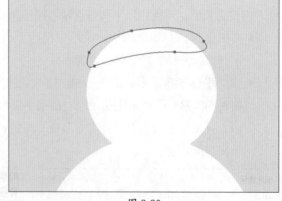

图 8-80

步骤 05 右击鼠标，在弹出的快捷菜单中选择"填充路径"命令，在弹出的"填充路径"对话框中设置填充颜色，按Ctrl+Enter组合键创建选区，按Ctrl+D组合键取消选区，如图8-81所示。

步骤 06 选择画笔工具，在选项栏中设置画笔参数，创建新图层，设置填充颜色，绘制四个线条，如图8-82所示。

步骤 07 按Ctrl+Shift+G组合键创建剪贴蒙版，如图8-83所示。

步骤 08 双击"图层1"设置描边样式，如图8-84所示。

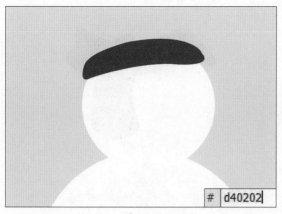

图 8-81　　　　　　　　　　　　　# d40202

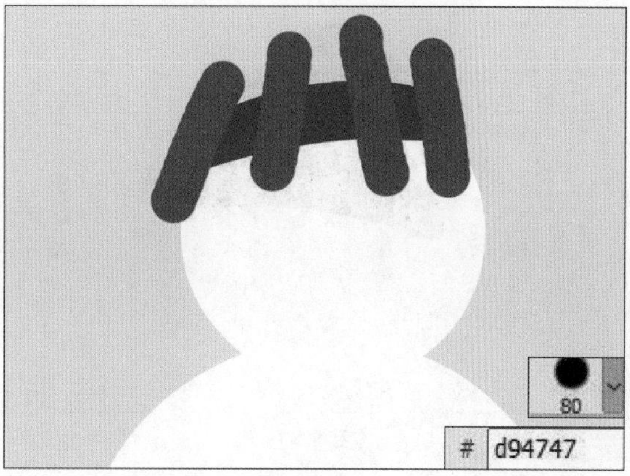

图 8-82　　　　　　　　　　　　　# d94747　80

图 8-83

描边

结构

大小(S)：　　　△　　　　　　6 像素

位置：外部 ∨

混合模式：正常 ∨

不透明度(O)：　　　　　　　△ 100 %

☐ 叠印

填充类型：颜色 ∨

颜色：

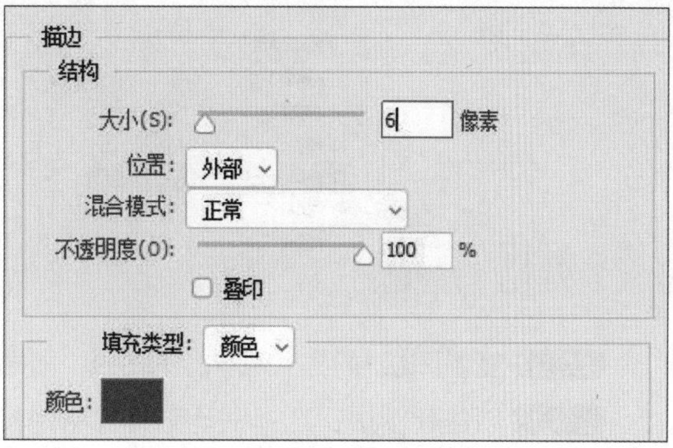

图 8-84

步骤 09 设置描边后的效果如图8-85所示。

步骤 10 使用相同的方法绘制帽子，如图8-86所示。

图 8-85　　　　　　　　　　　　　图 8-86

步骤 11 选择椭圆工具，按住Shift键绘制正圆，调整填充颜色，如图8-87所示。

步骤 12 使用相同的方法绘制围脖（根据需要调整图层显示顺序），如图8-88所示。

图 8-87

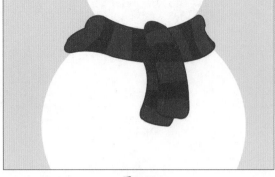

图 8-88

步骤 13 选择"图层1",双击该图层,单击 ⊞ 按钮添加描边,如图8-89所示。

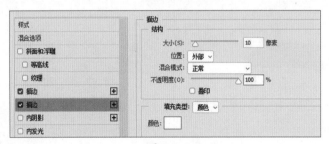

图 8-89

步骤 14 复制图层7的样式粘贴至图层9,如图8-90所示。

步骤 15 创建新图层,选择钢笔工具绘制树枝并填充黑色,如图8-91所示。

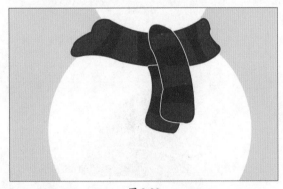

图 8-90

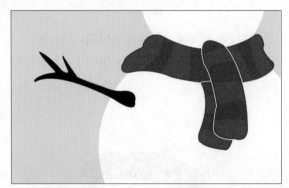

图 8-91

步骤 16 按Ctrl+J组合键复制图层,按Ctrl+T组合键自由变换,右击鼠标,在弹出的快捷菜单中选择"水平翻转"命令,调整旋转角度,将其移动至底层,如图8-92所示。

图 8-92

步骤17 选择椭圆工具绘制椭圆并填充黑色，按住Alt键复制移动，如图8-93所示。

步骤18 选择多边形工具，在选项栏中设置参数，如图8-94所示。

图 8-93   图 8-94

步骤19 拖动鼠标绘制三角形，使用直接选择工具调整锚点，如图8-95所示。

步骤20 选择钢笔工具绘制嘴形路径，如图8-96所示。

图 8-95   图 8-96

步骤21 创建新图层，选择画笔工具绘制舌头，按Ctrl+Shift+G组合键创建剪贴蒙版，如图8-97所示。

图 8-97

强化训练

1. 项目名称

　　绘制卡通贴纸。

2. 项目分析

　　在制作卡通动物形象时，可以选择较有辨识度的动物。这里主要绘制小鹿和小浣熊。绘制时可以适当地夸张，例如圆滚滚的身体，填充色彩时，选用黄色、浅灰色等搭配较舒适的颜色。

3. 项目效果

　　项目效果如图8-98、图8-99所示。

图 8-98

图 8-99

4. 操作提示

　　①选择弯度钢笔工具、钢笔工具绘制动物的身体、角和脚并填充颜色。

　　②选择椭圆工具绘制动物的眼睛。

　　③绘制动物的尾巴纹理效果时，可创建剪贴蒙版。

Photoshop

第**9**章

滤镜的应用

内容导读

　　滤镜的使用会使图像产生各种特殊的纹理，例如美化形体、手绘效果、油画效果、模糊效果、扭曲效果等，可以为创作的设计作品增加更多丰富的视觉效果。

要点难点

- 了解滤镜的基础知识
- 掌握滤镜库的使用方法
- 掌握独立滤镜组的使用方法
- 掌握特效滤镜组的使用方法

9.1　认识滤镜 ///////////////////////////////////////

　　在Photoshop软件中有一个专门的菜单就是滤镜，通过选择该菜单中的某一个滤镜命令，可以打开相应的对话框进行设置。大多数滤镜的使用方法是相同的，即执行命令后打开对应的滤镜对话框，根据需要设置参数，达到理想的效果后关闭对话框，应用滤镜效果。

9.1.1　滤镜的基础知识

　　Photoshop中所有的滤镜都在"滤镜"菜单中。"滤镜"菜单如图9-1所示。

📝 学习笔记

● **上次滤镜操作**：滤镜菜单中的第一个命令，是此次启动Photoshop后最近一次使用的滤镜命令名称，按Ctrl+F快捷键可直接重复执行该命令。若要更改设置参数，按Ctrl+Alt+F快捷键，可以打开设置对话框重新设置参数。

● **转换为智能滤镜**：应用于智能对象的任何滤镜都是智能滤镜，由于可以调整、移去或隐藏智能滤镜，因此其属于非破坏性滤镜。

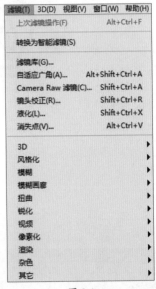

图 9-1

● **独立滤镜组**：独立滤镜组中的滤镜是不包含任何滤镜子菜单的，直接执行即可使用，包括滤镜库、自适应广角、Camera Raw滤镜、镜头校正、液化以及消失点。

● **特效滤镜组**：主要包括风格化、模糊、扭曲、锐化、像素化、渲染、杂色和其它等滤镜组，每个滤镜组中又包含多种滤镜，根据需要可自行选择想要的图像效果。

　　在执行滤镜命令时要确定当前图层或者通道是否被选中。如果在图像中存在选区，那么执行的滤镜只会作用于选区内的区域，没有选区就应用于整个图像。滤镜的处理效果是以像素为单位，因此，滤镜的处理效果与图像的分辨率有关，用相同参数处理的图像如果分辨率不同，那么也会产生不同的图像效果。对于文字、形状、调整和填充等图层来说，只有在栅格化后才可以执行滤镜命令。

9.1.2 滤镜库

滤镜库中包含常用的六组滤镜，可以非常方便、直观地为图像添加滤镜。执行"滤镜"|"滤镜库"命令，打开滤镜库，如图9-2所示。在滤镜库中有风格化、画笔描边、扭曲、素描、纹理和艺术效果等选项，每个选项中又包含多种滤镜效果。单击不同的缩略图，即可在左侧的预览框中看到应用不同滤镜后的效果。

图 9-2

学习笔记

默认情况下，滤镜库中只有一个效果图层，单击不同的滤镜缩略图，效果图层会显示相应的滤镜命令。要想在保留滤镜效果的同时添加其他滤镜，单击"新建效果图层"按钮田，创建与当前相同滤镜的效果图层，单击应用其他滤镜即可，如图9-3所示。效果图层的堆放顺序决定最终图像的显示效果，改变效果图层的堆放顺序非常简单，就是单击并且拖动某个图层将其放置在其他效果图层的上方或者下方即可。建立两个或者更多的效果图层后，单击某个效果图层左侧的 ◉ 图标可将其隐藏。

图 9-3

9.1.3 智能滤镜

智能滤镜可以在添加滤镜的同时，保留图像的原始状态不被破坏，添加的滤镜可以像添加的图层样式一样存储在"图层"面板中，并且可以重新将其调出以修改参数。执行"滤镜"|"转换为智能滤镜"命令，可以将当前图层转换为智能对象图层。将当前图层

转换为智能对象图层后，就可以为图像添加滤镜效果，如图9-4所示。

图 9-4

 学习笔记

在面板中右击 ≡ 按钮，在弹出的快捷菜单中选择"编辑智能滤镜混合选项"命令，在弹出的对话框中可调整滤镜的模式以及不透明度，如图9-5所示。选择"编辑智能滤镜"命令可重新设置滤镜参数，如图9-6所示。

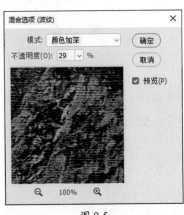

图 9-5

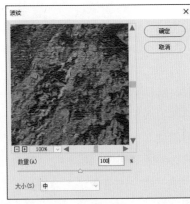

图 9-6

9.2 Photoshop滤镜

Photoshop滤镜菜单中有多种滤镜效果，可以实现扭曲图像、添加纹理、模拟绘画等效果。下面对一些常用的滤镜效果进行展示和介绍。

9.2.1 液化命令

液化滤镜可以实现对图像进行变形的操作，比如对图像进行收缩、推拉、扭曲等。执行"滤镜"|"液化"命令，弹出"液化"对话框，如图9-7所示。

该对话框中主要选项的功能介绍如下。

● **向前变形工具** ：该工具可以移动图像中的像素，得到变形的效果。

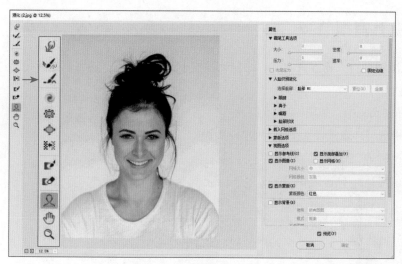

图 9-7

● **重建工具** 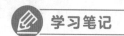：在变形的区域单击鼠标或拖动鼠标进行涂抹，可以使变形区域的图像恢复到原始状态。

● **平滑工具** ：可以通过不断地绘制，将添加的变形效果逐步恢复。

● **顺时针旋转扭曲工具** ：在图像中单击鼠标或移动鼠标时，图像会被顺时针旋转扭曲；当按住Alt键单击鼠标时，图像则会被逆时针旋转扭曲。

● **褶皱工具** ：在图像中单击鼠标或移动鼠标时，可以使像素向画笔中间区域的中心移动，使图像产生收缩的效果。

● **膨胀工具** ：在图像中单击鼠标或移动鼠标时，可以使像素向画笔中心区域以外的方向移动，使图像产生膨胀的效果。

● **左推工具** ：使用该工具可以使图像产生挤压变形的效果。使用该工具垂直向上拖动鼠标时，像素向左移动；向下拖动鼠标时，像素向右移动。当按住Alt键垂直向上拖动鼠标时，像素向右移动；向下拖动鼠标时，像素向左移动。若使用该工具围绕对象顺时针拖动鼠标，可增加其大小；若逆时针拖动鼠标，则减小其大小。

● **冻结蒙版工具** ：使用该工具可以在预览窗口绘制冻结区域，在调整时，冻结区域内的图像不会受到变形工具的影响。

● **解冻蒙版工具** ：使用该工具涂抹冻结区域能够解除该区域的冻结状态。

● **脸部工具** ：具备高级人脸识别功能，可自动识别眼睛、鼻子、嘴唇和其他面部特征，轻松对其进行调整。当鼠标置于五官图像的上方时出现调整五官脸型的线框，拖动线框可以改变五官的位置、大小，也可以使用右侧人脸识别液化中的设置参数。

学习笔记

课堂练习 ▎调整人物五官细节

此次课堂练习将使用液化滤镜调整人物五官细节。综合练习本小节的知识点，熟练掌握液化滤镜的使用。

步骤 01 将素材图像拖入Photoshop中，如图9-8所示。

步骤 02 按Ctrl+J组合键复制图层，隐藏背景图层，如图9-9所示。

图 9-8　　　　　　　　　　　　　　　图 9-9

步骤 03 执行"滤镜"|"液化"命令，在弹出的对话框中设置"脸部形状"的参数，如图9-10所示。

图 9-10

步骤 04 继续设置眼睛、鼻子以及嘴唇的参数，如图9-11、图9-12所示。

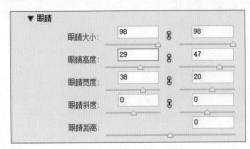

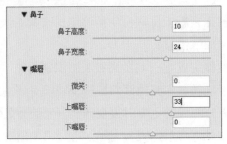

图 9-11　　　　　　　　　　　　　　　图 9-12

步骤 05 选择"向前变形工具" ，在属性栏中设置参数，如图9-13所示。

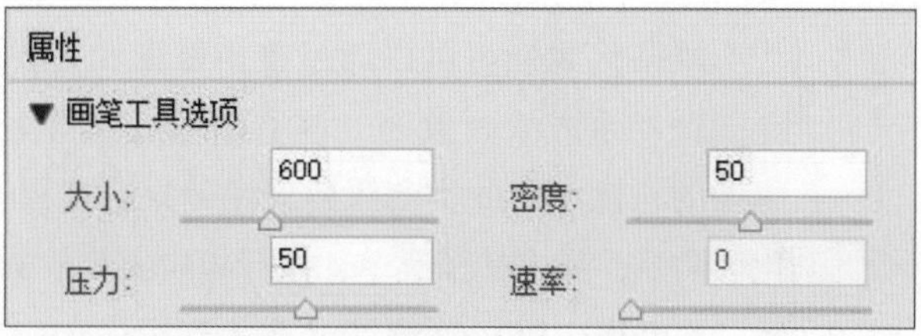

属性

▼ 画笔工具选项

| 大小: | 600 | 密度: | 50 |
| 压力: | 50 | 速率: | 0 |

图 9-13

步骤 06 单击"确定"按钮，效果如图9-14所示。

步骤 07 按Ctrl+J组合键复制图层，按Ctrl+T组合键自由变换，如图9-15所示。

图 9-14

图 9-15

步骤 08 选择矩形选框工具在左侧边缘绘制选区，按Ctrl+T组合键自由变换，按住Shift键向左拖动，效果如图9-16所示。

步骤 09 按Ctrl+D组合键取消选区，选择混合器画笔工具调整背景，效果如图9-17所示。

图 9-16

图 9-17

9.2.2 风格化滤镜

风格化滤镜组可以通过置换像素和查找并增加图像的对比度，在图像中生成绘画效果。该滤镜组可以强化图像的色彩边界，所以图像的对比度对此类滤镜的应用效果影响较大。执行"滤镜"|"风格化"命令，弹出其子菜单，执行相应的菜单命令即可实现滤镜效果。

● **查找边缘**：该滤镜能查找到图像中主色块颜色变化的区域，并将查找到的边缘轮廓描边，使图像看起来像用笔刷勾勒的轮廓。图9-18、图9-19所示为应用该滤镜前后的效果。

📝 学习笔记

图 9-18   图 9-19

● **等高线**：该滤镜用于查找主要亮度区域，并为每个颜色通道勾勒出主要亮度区域，以获得与等高线图中的线条类似的效果，如图9-20所示。

● **风**：该滤镜可以将图像的边缘进行位移，创建出水平线用于模拟风的动感效果，是制作纹理或为文字添加阴影效果时常用的滤镜工具，如图9-21所示。

图 9-20   图 9-21

- **浮雕效果**：该滤镜能通过勾画图像的轮廓和降低周围色值来产生灰色的浮凸效果。执行此命令后图像会自动变为深灰色，产生突出图像部分区域的视觉效果，如图9-22所示。
- **扩散**：该滤镜可以按指定的方式移动相邻的像素，使图像形成一种类似透过磨砂玻璃观察物体的模糊效果。
- **拼贴**：该滤镜可以将图像分解为一系列块状，并使其偏离原来的位置，进而产生不规则的拼砖效果，如图9-23所示。

图 9-22 图 9-23

- **曝光过度**：该滤镜可以混合正片和负片图像，产生类似摄影中的短暂曝光的效果，如图9-24所示。
- **凸出**：该滤镜可以将图像分解成一系列大小相同且重叠的立方体或锥体，以生成特殊的3D效果，如图9-25所示。

 学习笔记

图 9-24 图 9-25

✍ **学习笔记**

● **油画:** 该滤镜可以为普通图像添加油画效果,如图9-26所示。

● **照亮边缘:** 该滤镜效果收录在滤镜库中,使用该滤镜能让图像产生比较明亮的轮廓线,形成一种类似霓虹灯的亮光效果。

图 9-26

9.2.3　画笔描边滤镜

画笔描边滤镜用于模拟不同的画笔或油墨笔刷来勾画图像,使图像产生手绘效果,该滤镜组收录在滤镜库中。执行"滤镜"|"滤镜库"命令,在弹出的对话框中选择"画笔描边"选项,如图9-27所示。

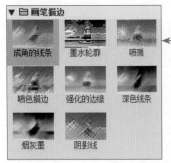

图 9-27

9.2.4　模糊滤镜

模糊滤镜可以使图像产生不同程度的模糊效果,主要用于修饰图像。使用模糊滤镜就好像为图像生成许多副本,并使每个副本向四周以1像素的距离进行移动,离原图像越远的副本其透明度越低,从而形成模糊效果。执行"滤镜"|"模糊"命令,弹出其子菜单,执行相应的菜单命令即可实现滤镜效果。

- **表面模糊：** 该滤镜在保留边缘的同时模糊图像。
- **动感模糊：** 该滤镜的效果类似于以固定的曝光时间给一个移动的对象拍照。图9-28、图9-29所示为应用该滤镜前后的效果。

图 9-28   图 9-29

- **方框模糊：** 该滤镜以邻近像素颜色平均值为基准模糊图像，如图9-30所示。
- **高斯模糊：** 高斯是指对像素进行加权平均时所产生的钟形曲线。该滤镜可根据数值快速地模糊图像，产生朦胧效果，如图9-31所示。

 学习笔记

图 9-30   图 9-31

- **进一步模糊：** 与"模糊"滤镜产生的效果一样，但效果强度会增加3～4倍。
- **径向模糊：** 该滤镜可以产生辐射性模糊的效果。模拟相机前后移动或旋转产生的模糊效果，如图9-32所示。

- **镜头模糊：** 该滤镜可使图像产生更窄的景深效果，使图像中的一些对象在焦点内，另一些区域变模糊。用它来处理照片，可创建景深效果，但需要用Alpha通道或图层蒙版的深度值来映射图像中像素的位置，如图9-33所示。

学习笔记

图 9-32

图 9-33

- **模糊：** 该滤镜使图像变得模糊，它能去除图像中明显的边缘或产生非常轻度的柔和边缘，如同在照相机的镜头前加入柔光镜所产生的效果。

- **平均：** 该滤镜能找出图像或选区中的平均颜色，用该颜色填充图像或选区以创建平滑的外观，如图9-34所示。

- **特殊模糊：** 该滤镜能找出图像的边缘并对边界线以内的区域进行模糊处理。

图 9-34

它的优点是在模糊图像的同时仍使图像具有清晰的边界，有助于去除图像色调中的颗粒、杂色，从而产生一种边界清晰中心模糊的效果，如图9-35所示。

- **形状模糊：** 该滤镜使用指定的形状作为模糊中心进行模糊，如图9-36所示。

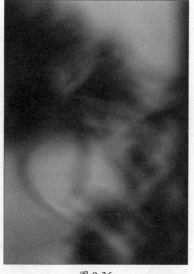

图 9-35   图 9-36

学习笔记

知识拓展

    执行"滤镜"|"模糊画廊"命令,弹出其子菜单,执行相应的菜单命令即可实现滤镜效果。该滤镜组下的滤镜命令都可以在同一个对话框中进行调整,如图9-37所示。

图 9-37

该对话框中"模糊工具"选项组中各选项的功能介绍如下。

● **场景模糊:** 该滤镜可通过定义具有不同模糊量的多个模糊点来创建渐变的模糊效果。方法是将多个图钉添加到图像,并指定每个图钉的模糊量,最终结果是合并图像上所有模糊图钉的效果。也可在图像外部添加图钉,以对边角应用模糊效果。

● **光圈模糊:** 该滤镜可使图片模拟浅景深效果,而不管使用的是什么相机或镜头。也可定义多个焦点,这是使用传统相机技术几乎不可能实现的效果。

● **倾斜偏移:** 该滤镜可模拟倾斜偏移镜头拍摄的图像。此特殊的模糊效果会定义锐化区域,然后在边缘处逐渐变得模糊,可用于模拟微型对象的照片。

● **路径模糊:** 该滤镜可沿路径创建运动模糊,还可控制形状和模糊量。Photoshop可自动合成应用于图像的多路径模糊效果。

● **旋转模糊:** 该滤镜可模拟在一个或更多点旋转和模糊图像。

9.2.5 扭曲滤镜

扭曲滤镜组包含9种扭曲滤镜命令，这些滤镜主要是将当前图层或者选区内的图层进行各种各样的扭曲变形，从而使图像产生不同的艺术效果。执行"滤镜"|"扭曲"命令，弹出其子菜单，执行相应的菜单命令即可实现滤镜效果。

- **波浪**：该滤镜可根据设定的波长和波幅产生波浪效果，图9-38、图9-39所示为应用该滤镜前后的效果。
- **波纹**：该滤镜可根据参数设置产生不同的波纹效果，如图9-40所示。

 学习笔记

图 9-38　　　　　　　图 9-39　　　　　　　图 9-40

- **极坐标**：该滤镜可将图像从直角坐标系转换成极坐标系或从极坐标系转换为直角坐标系，产生极端变形效果，如图9-41所示。
- **挤压**：该滤镜可使全部图像或选区图像产生向外或向内挤压的变形效果，如图9-42所示。
- **切变**：该滤镜能根据在对话框中设置的垂直曲线使图像发生扭曲变形，如图9-43所示。

图 9-41　　　　　　　图 9-42　　　　　　　图 9-43

- **球面化**：该滤镜能使图像区域膨胀实现球形化，形成类似将图像贴在球体或圆柱体表面的效果，如图9-44所示。
- **水波**：该滤镜可模仿水面上产生的起伏状波纹和旋转效果，用于制作同心圆类的波纹，如图9-45所示。

- **旋转扭曲：** 该滤镜可使图像产生类似于风轮旋转的效果，甚至可以产生将图像置于一个大旋涡中心的螺旋扭曲效果，如图9-46所示。
- **置换：** 该滤镜可用另一幅图像（必须是PSD格式）的亮度值替换当前图像亮度值，使当前图像的像素重新排列，产生位移的效果。

图 9-44　　　　　　　图 9-45　　　　　　　图 9-46

扭曲滤镜组中有三个滤镜收录在滤镜库中，执行"滤镜"|"滤镜库"命令，在弹出的对话框展开"扭曲"选项，如图9-47所示。

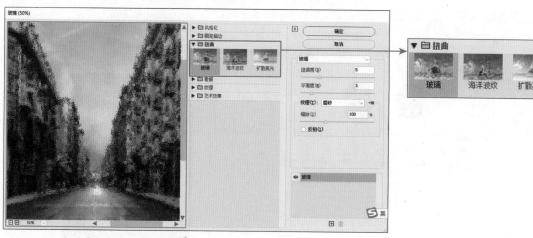

图 9-47

"扭曲"选项中三个滤镜效果介绍如下。

- **玻璃：** 该滤镜可以模拟透过玻璃观看图像的效果。
- **海洋波纹：** 该滤镜可以为图像表面增加随机间隔的波纹，使图像产生类似海洋表面的波纹效果。
- **扩散亮光：** 该滤镜可以使图像产生光热弥漫的效果，用于表现强烈光线和烟雾效果。

课堂练习 / 置换图像

此次课堂练习将使用置换滤镜置换图像。综合练习本小节的知识点，熟练掌握置换滤镜的使用。

步骤 01 将素材图像拖入Photoshop中，如图9-48所示。

步骤 02 按Ctrl+J组合键复制图层，如图9-49所示。

步骤 03 按Ctrl+Shift+U组合键去色，如图9-50所示。

图 9-48　　　　　　　　　　图 9-49　　　　　　　　　　图 9-50

步骤 04 按Ctrl+S组合键存储为PSD文件，如图9-51所示。

步骤 05 隐藏图层1，置入素材并调整大小，如图9-52所示。

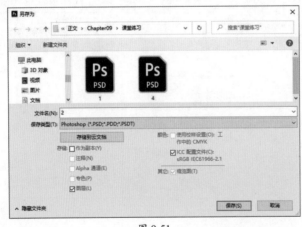

图 9-51　　　　　　　　　　　　　　　图 9-52

步骤 06 设置图层的混合模式为"正片叠底"，如图9-53、图9-54所示。

图 9-53　　　　　　　　　　图 9-54

步骤 07 执行"滤镜"|"扭曲"|"置换"命令，在弹出的对话框中设置参数，如图9-55所示。

步骤 08 设置完成后单击"确定"按钮，最终效果如图9-56所示。

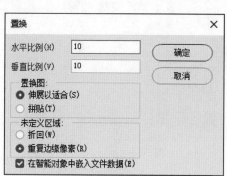

图 9-55

图 9-56

9.2.6 素描滤镜

素描滤镜组用于创建手绘图像的效果，可以将纹理添加到图像上，还适用于创建美术或手绘外观。除了铬黄渐变和水彩画纸滤镜之外，其他的滤镜都和前景色或背景色相关。执行"滤镜"|"滤镜库"命令，在弹出的对话框中展开"素描"选项，如图9-57所示。

图 9-57

9.2.7　纹理滤镜

该滤镜组中的滤镜可以为图像添加各种纹理效果，如拼缀效果、染色玻璃或纹理化等效果。执行"滤镜"|"滤镜库"命令，在弹出的对话框中展开"纹理"选项，如图9-58所示。

图 9-58

9.2.8　像素化滤镜

像素化滤镜组包括7种滤镜命令，主要通过将相似颜色值的像素转换成单元格的方法，使图像分块或者平面化。执行"滤镜"|"像素化"命令，弹出其子菜单。

● **彩块化**：该滤镜使图像中的纯色或相似颜色凝结为彩色块，从而产生类似宝石刻画般的效果。

● **彩色半调**：该滤镜模拟在图像的每个通道上使用放大的半调网屏的效果。滤镜将图像划分为小矩形，并用圆形替换每个矩形，圆形的大小与矩形的宽度成比例。图9-59、图9-60所示为应用该滤镜前后的效果。

● **点状化**：该滤镜在图像中随机产生彩色斑点，点与点之间的空隙用背景色填充，如图9-61所示。

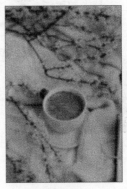

图 9-59　　　　　　　　　图 9-60　　　　　　　　　图 9-61

- **晶格化**：该滤镜可将图像中颜色相近的像素集中到一个多边形网格中，从而把图像分割成许多个多边形的小色块，产生晶格化的效果，如图9-62所示。
- **马赛克**：该滤镜可将图像分解成许多规则排列的小方块，实现图像的网格化，每个网格中的像素均使用本网格内的平均颜色填充，从而产生类似马赛克般的效果，如图9-63所示。
- **碎片**：该滤镜是将所建选区或整幅图像复制四个副本，并将其均匀分布、相互偏移，以得到重影效果。
- **铜版雕刻**：该滤镜能将图像转换为黑白区域的随机图案或彩色图像中完全饱和颜色的随机图案，如图9-64所示。

 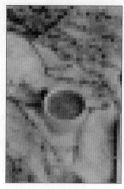 

图 9-62　　　　　　　图 9-63　　　　　　　图 9-64

9.2.9　艺术效果滤镜

艺术效果滤镜组主要为用户提供模仿传统绘画手法的途径，可以为图像添加天然或者传统的艺术图像效果。执行"滤镜"|"滤镜库"命令，在弹出的对话框中展开"艺术效果"选项，如图9-65所示。

图 9-65

9.2.10　其他滤镜

除了以上常用的滤镜组，还有渲染、杂色以及其它滤镜组。

1. 渲染滤镜组

渲染滤镜能够在图像中产生光线照明的效果，通过渲染滤镜，可以制作云彩效果。执行"滤镜"|"渲染"命令，弹出其子菜单，执行相应的菜单命令即可实现滤镜效果。

- **火焰：** 该滤镜可给图像中选定的路径添加火焰效果。
- **图片框：** 该滤镜可给图像添加各种样式的边框。
- **树：** 该滤镜可给图像添加各种样式的树。
- **分层云彩：** 该滤镜可使用前景色和背景色对图像中的原有像素进行差异运算，产生图像与云彩背景混合并反白的效果。
- **光照效果：** 该滤镜包括17种不同的光照风格、3种光照类型和4组光照属性，可在RGB图像上制作出各种光照效果，也可加入新的纹理及浮雕效果，使平面图像产生三维立体的效果。
- **镜头光晕：** 该滤镜通过为图像添加不同类型的镜头，从而模拟镜头产生的眩光效果。
- **纤维：** 该滤镜用于将前景色和背景色混合填充图像，从而生成类似纤维效果。
- **云彩：** 该滤镜是唯一能在空白透明层上工作的滤镜，不使用图像现有像素进行计算，而是使用前景色和背景色计算。通常制作天空、云彩、烟雾等效果。

2. 杂色滤镜组

杂色滤镜组可给图像添加一些随机产生的干扰颗粒，即噪点；还可创建不同寻常的纹理或去掉图像中有缺陷的区域。执行"滤镜"|"杂色"命令，弹出其子菜单，执行相应的菜单命令即可实现滤镜效果。

- **减少杂色：** 该滤镜用于去除扫描的照片和数码相机拍摄的照片上产生的杂色。
- **蒙尘与划痕：** 该滤镜通过将图像中有缺陷的像素融入周围的像素，达到除尘和涂抹的效果。
- **去斑：** 该滤镜通过轻微地模糊、柔化图像或选区内的图像，从而达到掩饰图像中的细小斑点、消除轻微折痕的效果。
- **添加杂色：** 该滤镜可为图像添加一些细小的像素颗粒，使其混合到图像内的同时产生色散效果，常用于添加杂点纹理效果。
- **中间值：** 该滤镜可用杂点和其周围像素的折中颜色来平滑图像中的区域，也是一种用于去除杂色点的滤镜，可减少图像中杂色的干扰。

3. **其它滤镜组**

其它滤镜组可用来创建自定义滤镜，也可修饰图像的某些细节部分。执行"滤镜"|"其它"命令，弹出其子菜单，执行相应的菜单命令即可实现滤镜效果。

- **HSB/HSL：** 该滤镜可以把图像中每个像素的RGB转化成HSB或HSL。
- **高反差保留：** 该滤镜可以在有强烈颜色转变发生的地方按指定的半径保留边缘细节，并且不显示图像的其余部分，与浮雕效果类似。
- **位移：** 该滤镜可在参数设置对话框中调整参数值来控制图像的偏移。
- **自定：** 该滤镜可以创建存储自定义滤镜。可更改图像中每个像素的亮度值，并根据周围的像素值为每个像素重新指定一个值。
- **最大值：** 该滤镜有收缩效果，向外扩展白色区域，并收缩黑色区域。
- **最小值：** 该滤镜有扩展效果，向外扩展黑色区域，并收缩白色区域。

课堂练习 | **制作水墨画效果**

此次课堂练习将使用图层转换为智能图像，通过添加多种滤镜制作水墨画效果。综合练习本小节的知识点，熟练掌握智能滤镜的转换与多种滤镜的使用方法。

步骤 **01** 将素材图像拖入Photoshop中，如图9-66所示。

步骤 **02** 选择"背景"图层，右击鼠标，在弹出的快捷菜单中选择"转换为智能对象"命令，如图9-67所示。

图 9-66

图 9-67

步骤 **03** 执行"滤镜"|"滤镜库"命令，在弹出的对话框中选择"艺术效果"|"干画笔"选项并设置参数，如图9-68所示。

步骤 **04** 单击 按钮，添加"木刻"滤镜效果，并设置参数，如图9-69所示。

图 9-68   图 9-69

步骤 **05** 设置完成后的效果如图9-70所示。

步骤 **06** 执行"滤镜"|"模糊"|"特殊模糊"命令，在弹出的对话框中设置参数，如图9-71所示。

图 9-70   图 9-71

步骤 **07** 在"图层"面板中，右击鼠标，在弹出的快捷菜单中选择"编辑智能滤镜混合选项"命令，在弹出的对话框中设置参数，如图9-72、图9-73所示。

图 9-72   图 9-73

步骤 08 执行"滤镜"|"风格化"|"查找边缘"命令，在弹出的对话框中调整"查找边缘"智能滤镜的混合选项参数，如图9-74、图9-75所示。

图 9-74

图 9-75

步骤 09 置入素材并调整大小，设置图层混合模式为"正片叠底"，如图9-76所示。

步骤 10 为"图层0"创建图层蒙版，如图9-77所示。

图 9-76

图 9-77

步骤 11 按D键恢复默认前景色或背景色，选择画笔工具并设置参数，如图9-78所示。

步骤 12 使用画笔工具调整显示效果，如图9-79所示。

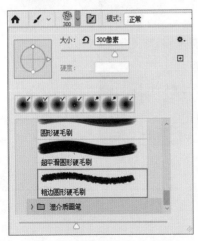

图 9-78

图 9-79

强化训练

1. 项目名称

制作汽车飞驰效果。

2. 项目分析

用静态的汽车制作出飞驰的动态效果，这里需要用到模糊滤镜中的动感模糊滤镜，要注意参数的设置，角度偏水平，距离适当即可。

3. 项目效果

项目效果如图9-80、图9-81所示。

图 9-80

图 9-81

4. 操作提示

①复制图层，创建动感模糊效果（角度：8；距离：148）。

②创建图层蒙版，部分擦除效果。

Photoshop

第**10**章

动作与任务
自动化

内容导读

　　自动化命令是将烦琐的操作步骤融合在一个命令中，执行该命令，Photoshop会自动进行操作，这样可以节省时间，提高工作效率。

要点难点

- 了解动作的基础知识
- 掌握动作的创建与应用
- 掌握自动化处理

10.1 动作的基础知识 //////////////////////////////

动作是Photoshop中自动化功能中的一种方式，是一系列录制命令的集合。可以将经常进行的工作任务按执行顺序录制成动作命令，以减轻烦琐的工作负担，提高工作效率。

10.1.1 动作面板

要记录工作过程，首先要打开"动作"面板。执行"窗口"|"动作"命令或按F9功能键，即可打开"动作"面板，如图10-1所示。

知识拓展

大多数命令和工具操作都可以记录在动作中，但也有不能记录的。以下为不能被直接记录的命令和操作。

- 使用钢笔工具手绘路径。
- 使用画笔工具、污点修复画笔工具和仿制图章工具等进行操作。
- 在选项栏、面板和对话框中设置的部分参数。
- 窗口和视图中的大部分参数。

图 10-1

该面板中主要选项的功能介绍如下。

- **切换对话开/关** ▣：用于选择在动作执行时是否弹出各种对话框或菜单。若动作中的命令显示该按钮，表示在执行该命令时会弹出对话框以供设置参数；若隐藏该按钮，则表示忽略对话框，动作按先前设定的参数执行。

- **切换项目开/关** ✓：用于选择需要执行的动作。关闭该按钮，可以屏蔽此命令，使其在动作播放时不被执行。

- **停止播放/记录** ■：只有录制动作按钮处于活动状态时，该按钮才可以使用。单击它可以停止当前的录制操作。

- **开始记录** ●：用于为选定动作录制命令。处于录制状态时，该按钮为红色 ●。

- **播放选定的动作** ▶：单击该按钮可以执行当前选定的动作，或者当前动作中自选定命令开始的后续命令。

- **创建新组** ▢：单击该按钮可以创建新的动作文件夹。

- **创建新动作** ⊞：单击该按钮可以创建新的动作。

- **删除** 🗑：删除选定的动作文件、动作或者动作中的命令。

单击"默认动作"组的展开按钮，会看到Photoshop自带的一个动作列表。当一个动作或者动作组名称左侧的"切换项目开/关"打开时，该动作或者动作组将在播放时被应用到图像中。如果"切换项目开/关"没有启用，这个动作将被跳过。通过启用或者禁用"切换项目开/关"可以确定哪些动作将会在组中得到应用。当启用"切换项目开/关"时，这个动作将暂停并且显示一个对话框，以便能够修改设置。

单击"动作"面板右上角的 ≡ 按钮，在打开的菜单中可选择保存、载入、复制和创建新动作和动作组的多种命令。

10.1.2 新建动作

在"动作"面板中，单击面板底部的"创建新组"按钮 📁，在弹出的"新建组"对话框中输入动作组名称，单击"确定"按钮，如图10-2所示。继续在"动作"面板中单击"创建新动作"按钮，弹出"新建动作"对话框，输入动作名称，如图10-3所示。

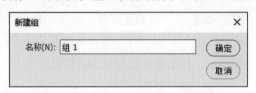

图 10-2

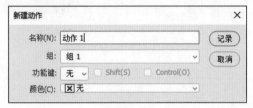

图 10-3

操作技巧

在"新建动作"对话框中，选择"功能键"下拉列表中的快捷键后，在应用动作时，可以在不通过"动作"面板的情况下，直接按快捷键将动作中的一系列命令应用到图像中。

此时动作面板底部的"开始记录"按钮 ● 呈红色状态，开始记录用户对图像所操作的每一个动作，待录制完成后单击"停止"按钮即可。

对于录制好的动作命令，可以根据工作需要对其进行编辑，在Photoshop中可以重命名动作名称，还可以复制、调整、删除、添加、修改和插入动作命令。而这些操作与"图层"面板中的图层操作类似。

10.1.3 应用预设动作

除了默认动作组外，Photoshop还自带多个动作组，每个动作组包含许多同类型的动作。单击"动作"面板右上角的 ≡ 按钮，在弹出的菜单中选择相应的动作即可将其载入"动作"面板中，包括命令、画框、图像效果、LAB-黑白技术、制作、流星、文字效果、纹理和视频动作，如图10-4、图10-5所示。

图 10-4

图 10-5

10.1.4 设置回放选项

单击"动作"面板右上角的▤按钮，在弹出的菜单中选择"回放选项"，弹出"回放选项"对话框,在该对话框中有3个单选按钮可以选择，可控制播放动作的速度，如图10-6所示。

图 10-6

该面板中主要选项的功能介绍如下。

● **加速**：Photoshop中默认的设置，执行动作时速度较快。

● **逐步**：选中该单选按钮，在面板中将以蓝色显示当前运行的操作步骤，一步一步地完成动作命令。

● **暂停**：选中该单选按钮，在执行动作时，每一步都暂停，暂停的时间由右侧文本框中的数值决定，调整范围为1～60秒。

课堂练习 **添加并应用水印动作** ▰▰▰▰▰▰▰▰▰▰▰▰▰

此次课堂练习将添加并应用水印动作。综合练习本小节的知识点，熟练掌握动作的创建与应用。

步骤 01 将素材图像拖入Photoshop中，如图10-7所示。

步骤 02 单击"动作"面板底部的"创建新组"按钮▭，在弹出的对话框中输入动作组名称，如图10-8所示。

图 10-7

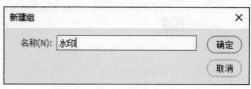

图 10-8

步骤 03 单击"创建新动作"按钮⊞，在弹出的对话框中输入动作名称，如图10-9所示。

步骤 04 输入名称后单击"记录"按钮●，如图10-10所示。

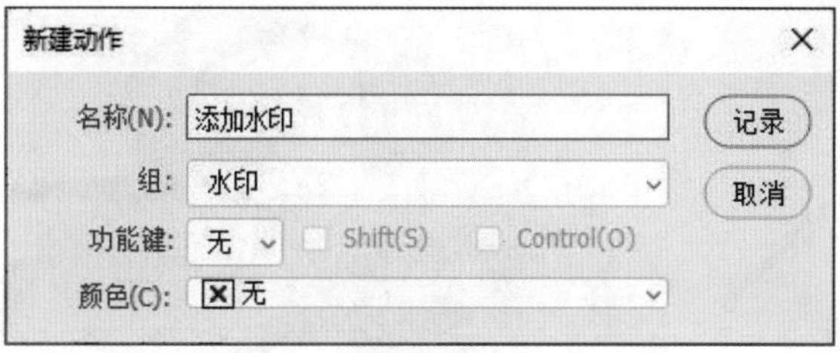

图 10-9

图 10-10

步骤 05 选择横排文字工具输入文字，在"字符"面板中设置参数，如图10-11、图10-12所示。

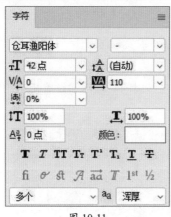

图 10-11

图 10-12

步骤 06 双击文字图层添加描边样式，如图10-13所示。

步骤 07 在"混合选项"选项组中设置不透明度，如图10-14所示。

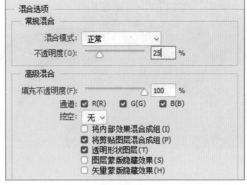

图 10-13　　　　　　　　　　　　　　　　图 10-14

步骤08 单击"确定"按钮，效果如图10-15所示。

步骤09 按住Shift键加选背景图层，选择移动工具，在选项栏中单击"水平居中对齐"按钮 ♣ 和"垂直居中对齐"按钮 ♣，效果如图10-16所示。

图 10-15

图 10-16

步骤10 按Ctrl+E组合键合并图层，单击 ■ 按钮结束录制，在"设置 当前图层"前单击"切换对话开/关"按钮 ▣，如图10-17所示。

步骤11 拖动打开素材，单击"播放选定的动作"按钮 ▶，在弹出的对话框中设置相同的参数，效果如图10-18所示。

图 10-17

图 10-18

10.2 自动化处理

除了进行快捷的动作外，还可以结合Photoshop中的一些自动化命令，如操作批处理、图像处理器等，其中一些工具适合在动作中使用，熟练掌握这些自动化命令可以提高工作效率。

10.2.1 图像处理器

图像处理器能快速地对文件夹中图像的文件格式进行转换，节省工作时间。执行"文件"|"脚本"|"图像处理器"命令，弹出"图像处理器"对话框，如图10-19所示。

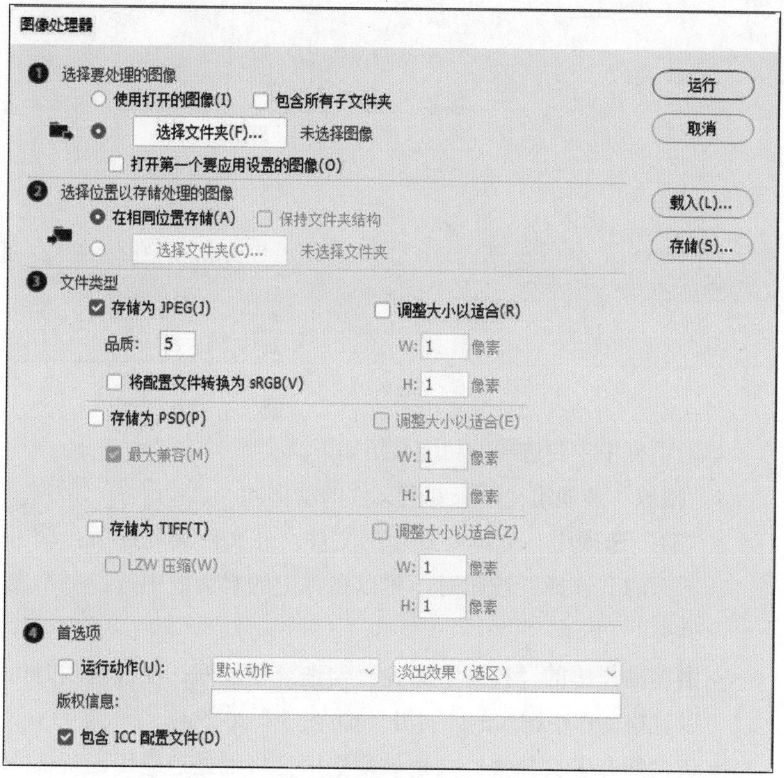

图 10-19

操作技巧

在"图像处理器"对话框的"文件类型"选项组中，可同时勾选多个文件类型的复选框，此时运用图像处理器可将文件夹中的文件转换为多种文件格式的图像。

该对话框中主要选项的功能介绍如下。

● **"选择要处理的图像"选项组**：单击"选择文件夹"按钮，在弹出的对话框中指定要处理的图像所在的文件夹。

● **"选择位置以存储处理的图像"选项组**：单击"选择文件夹"按钮，在弹出的对话框中指定存放处理后的图像的文件夹。

● **"文件类型"选项组**：取消勾选"存储为JPEG"复选框，然后勾选相应格式的复选框，完成后单击"运行"按钮，此时软件自动对图像进行处理。

10.2.2　批处理

批处理命令可以让一个文件夹中的所有图像文件执行同一个动作命令，从而提高工作效率。当对文件进行批处理时，可以打开、关闭所有文件并存储对原文件的更改，或者将修改后的文件版本存储到新的位置，这样原始版本保持不变。如果要将处理过的文件存储到新位置，可以在开始批处理前为处理过的文件创建一个新文件夹。

执行"文件"|"自动"|"批处理"命令，弹出"批处理"对话框，如图10-20所示。

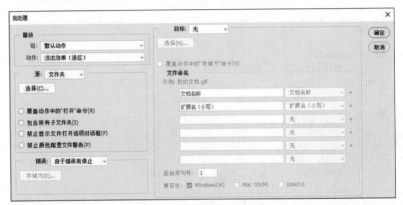

图 10-20

该对话框中主要选项的功能介绍如下。

- **"播放"选项组：**用来处理文件的动作。
- **"源"选项组：**选择要处理的文件。"文件夹"选项：单击下面的"选择"按钮时，可以在弹出的对话框中选择一个文件夹。
- **覆盖动作中的"打开"命令：**勾选该复选框，在批处理时可以忽略动作中记录的"打开"命令。
- **包含所有子文件夹：**勾选该复选框，将批处理应用到所选文件夹的子文件夹中。
- **禁止显示文件打开选项对话框：**勾选该复选框，在批处理时不会显示文件打开选项对话框。
- **禁止颜色配置文件警告：**勾选该复选框，在批处理时会关闭显示颜色方案信息。
- **"目标"选项组：**设置完成批处理以后文件所保存的位置。无：不保存文件，文件仍处于打开状态。存储并关闭：将保存的文件保存在原始文件夹并覆盖原始文件。文件夹：单击下面的"选择"按钮，可以指定文件夹保存。

10.2.3 联系表 II

在 Photoshop 中执行 "联系表 II" 命令,可以将多个文件图像自动拼合在一张图里,生成缩览图。执行 "文件" | "自动" | "联系表 II" 命令,弹出 "联系表 II" 对话框,如图 10-21 所示。

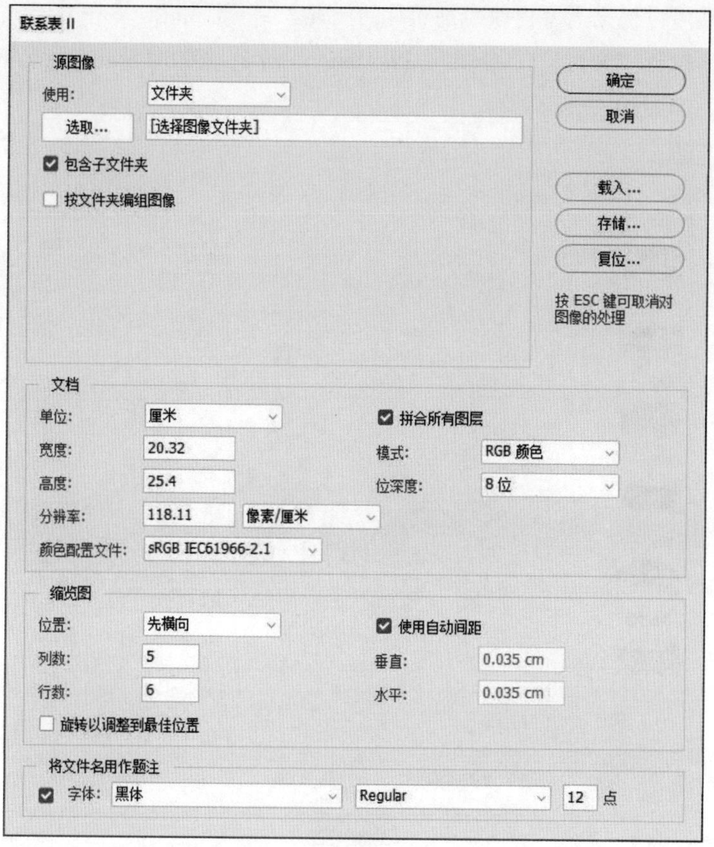

图 10-21

该对话框中主要选项的功能介绍如下。

- **"源图像" 选项组**:单击 "选取" 按钮,在弹出的对话框中指定要生成图像缩览图所在文件夹。勾选 "包含子文件夹" 复选框,选择所在文件夹里所有的子文件图像。
- **"文档" 选项组**:设置拼合图片的一些参数,包括尺寸、分辨率以及颜色配置文件等。勾选 "拼合所有图层" 复选框则合并所有图层,取消勾选该复选框则在图像里生成独立图层。
- **"缩览图" 选项组**:设置缩览图生成的规则,如先横向还是先纵向、行列数目、是否旋转等。
- **"将文件名用作题注" 选项组**:设置是否使用文件名作为图片标注,可以设置文件名的字体与大小。

10.2.4 Photomerge

执行Photomerge命令，可以将照相机在同一水平线拍摄的序列照片进行合成。该命令可以自动重叠相同的色彩像素，也可以指定源文件的组合位置，系统会自动汇集为全景图。全景图完成之后，仍然可以根据需要更改个别照片的位置。

执行"文件"|"自动"|Photomerge命令，弹出Photomerge对话框，如图10-22所示。

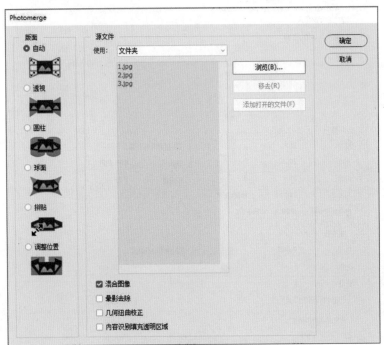

图 10-22

该对话框中主要选项的功能介绍如下。

- **版面**：设置转换为全景图片时的模式。
- **自动**：分析源图像并应用"透视"、"圆柱"或"球面"版面，具体取决于哪一种版面能够生成更好的Photomerge。
- **透视**：通过将源图像中的一个图像（默认情况下为中间的图像）指定为参考图像来创建一致的复合图像。然后变换其他图像（必要时，进行位置调整、伸展或斜切），以便匹配图层的重叠内容。
- **圆柱**：通过在展开的圆柱上显示各个图像来减少在"透视"版面中会出现的"领结"扭曲。匹配重叠的区域，将参考图像居中放置，适用于创建宽全景图。
- **球面**：将图像对齐并变换，效果类似于映射球体内部，模拟观看360度全景的视觉体验。如果拍摄了一组环绕360度的图像，使用此选项可创建360度全景图。

● **拼贴**：对齐图层并匹配重叠内容，同时变换（旋转或缩放）源图层。

● **调整位置**：对齐图层并匹配重叠内容，但不会变换（伸展或斜切）源图层。

● **使用**：包括文件和文件夹。选择"文件"选项时，可以直接将选择的文件合并图像；选择"文件夹"选项时，可以直接将选择的文件夹中的文件合并图像。

● **混合图像**：找出图像间的最佳边界并根据这些边界创建接缝，并匹配图像的颜色。取消勾选"混合图像"复选框时，将执行简单的矩形混合。如果要手动修饰混合蒙版，此操作将更为可取。

● **晕影去除**：在由于镜头瑕疵或镜头遮光处理不当而导致边缘较暗的图像中去除晕影并执行曝光度补偿。

● **几何扭曲校正**：补偿桶形、枕形或鱼眼失真。

● **内容识别填充透明区域**：使用附近的相似图像内容无缝填充透明区域。

● **浏览**：单击该按钮，可选择合成全景图的文件或文件夹。

● **移去**：单击该按钮，可删除列表中选中的文件。

● **添加打开的文件**：单击该按钮，可以将软件中打开的文件直接添加到列表中。

学习笔记

课堂练习 | **拼合图像**

此次课堂练习将使用Photomerge命令拼合图像。综合练习本小节的知识点，熟练掌握Photomerge命令的应用。

步骤 01 将素材图像拖入Photoshop中，如图10-23、图10-24、图10-25所示。

图 10-23

图 10-24

图 10-25

步骤 02 执行"文件"|"自动"|Photomerge命令，在弹出的对话框中单击"添加打开的文件"按钮，如图10-26、图10-27所示。

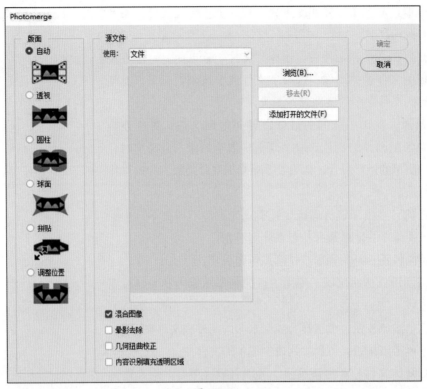

图 10-26

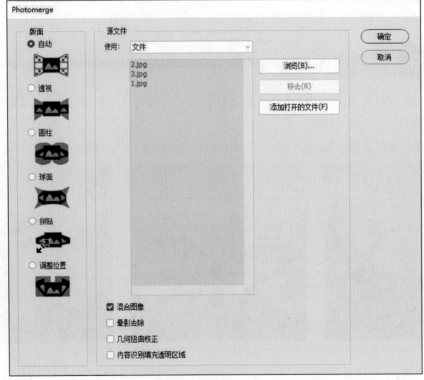

图 10-27

步骤 03 单击"确定"按钮自动生成拼合效果，如图10-28所示。

图 10-28

步骤 04 按Ctrl+Shift+Alt+E组合键盖印图层，选择剩下的图层创建新组，如图10-29所示。

图 10-29

步骤 05 按Ctrl+T组合键自由变换，然后调整显示，效果如图10-30所示。

图 10-30

强化训练

1. 项目名称

自动拼合图像。

2. 项目分析

自动拼合图像可以使用联系表命令，执行"联系表Ⅱ"命令，可以将多个文件图像自动拼合在一张图里，生成缩览图。

3. 项目效果

项目效果如图10-31所示。

图 10-31

4. 操作提示

①将素材文件裁剪成相同尺寸，分别命名为需要添加的文字。

②执行"联系表Ⅱ"命令，计算需要拼合尺寸的大小、间距以及文字大小。

③取消勾选"拼合所有图层"复选框，可在生成后进行调整。

Photoshop

第 **11** 章

宣传册的设计

内容导读

　　宣传册作为企业宣传不可缺少的资料，能很好地展示企业的特点，清晰表达企业产品信息，树立品牌形象，是宣传册设计的重点。

要点难点

- 掌握参考线版面的设置
- 掌握调整图层的创建
- 掌握图层样式的使用
- 掌握图层蒙版的使用
- 掌握文本的创建与编辑

11.1 设计思想 //

本章要制作一家茶坊的茶文化推广手册，其目的是为了将茶禅一道的文化向更多的消费者推广，并且通过画面古朴、制作精美的手册，提升茶坊的品牌形象。

1. 设计思路 ─────────────────────────────

（1）整体风格偏传统、古典。

（2）颜色方面以棕色为主。

（3）素材选择方面使用荷花、佛像、茶杯、荷叶等。

（4）文字选择方面使用识别性强的字符样式。

2. 效果呈现 ─────────────────────────────

该宣传册的封面及内页效果展示如图11-1所示。

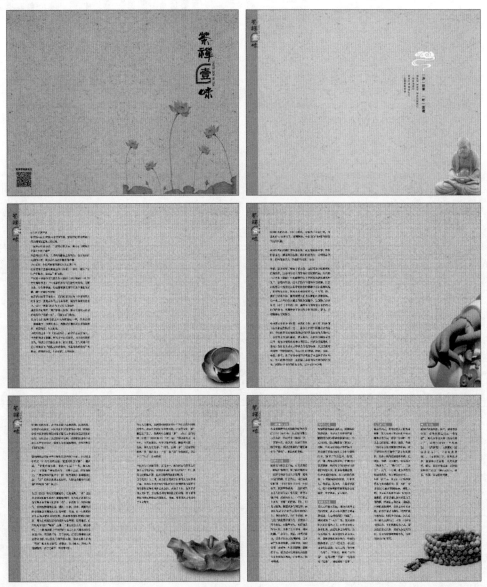

图 11-1

11.2 实现过程

宣传册主要分为两个部分：封面和内页。下面将进行具体的介绍。

11.2.1 制作宣传册封面

宣传册的封面设计尤其重要，宣传册的封面展现的是企业的文化、企业的精神等，搭配使用具有纹理的背景、书法文字、古典画，体现茶坊的传统风韵。

步骤 01 按Ctrl+N组合键新建文档，设置参数，如图11-2所示。

步骤 02 按Ctrl+R组合键显示标尺，执行"视图"|"显示"|"新建参考线版面"命令，在弹出的对话框中设置参数，如图11-3所示。

图 11-2

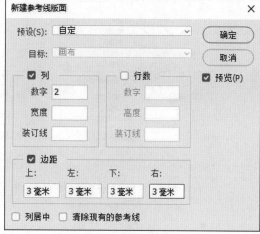

图 11-3

步骤 03 单击"确定"按钮，效果如图11-4所示。

步骤 04 拖动置入素材并调整显示，按住Alt键复制移动，按Ctrl+T组合键自由变换，右击鼠标，在弹出的快捷菜单中选择"水平翻转"命令，如图11-5所示。

图 11-4

图 11-5

步骤 05 在"图层"面板中单击"创建新的填充或调整图层"按钮，创建图案调整图层，如图11-6、图11-7所示。

图 11-6 图 11-7

💡 **操作技巧**

在"图案"面板中单击菜单按钮☰，在弹出的菜单中选择"旧版图案及其他"选项，如图11-8、图11-9所示。

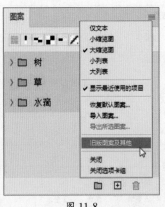

图 11-8 图 11-9

步骤 06 设置图层的混合模式为"正片叠底"，设置"不透明度"为30%，如图11-10所示。

步骤 07 设置完成后的效果如图11-11所示。

图 11-10 图 11-11

步骤 08 创建"色相/饱和度"调整图层,在"属性"面板中设置参数,如图11-12、图11-13所示。

图 11-12

图 11-13

步骤 09 创建"色阶"调整图层,在"属性"面板中设置参数,如图11-14、图11-15所示。

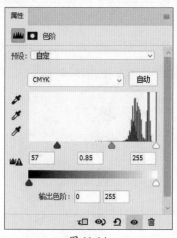

图 11-14

图 11-15

步骤 10 选中全部图层创建新组并重命名,如图11-16所示。

步骤 11 拖动置入素材并调整大小,如图11-17所示。

图 11-16

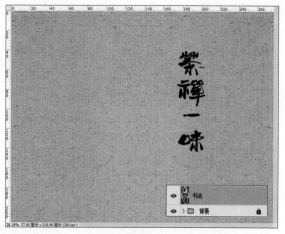

图 11-17

步骤 12 双击智能对象图层更改图层样式，设置填充颜色（C：66，M：87，Y：100，K：61），效果如图11-18所示。保存后关闭文档。

步骤 13 栅格化图层，使用矩形工具框选"一味"，按Ctrl+X组合键剪切，按Ctrl+V组合键粘贴，继续选框"一"并按Delete键删除，如图11-19、图11-20所示。

图 11-18

图 11-19

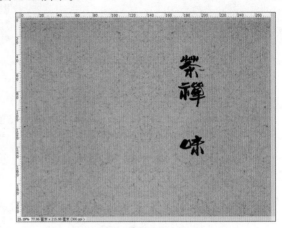

图 11-20

步骤 14 选择横排文字工具输入文字并设置参数，如图11-21、图11-22所示。

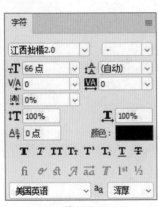

图 11-21

图 11-22

步骤 15 选择圆角矩形工具绘制圆角矩形，在"属性"面板中设置参数，如图11-23、图11-24所示。

图 11-23

图 11-24

步骤 16 复制圆角矩形，更改参数，如图11-25、图11-26所示。

图 11-25

图 11-26

步骤 17 选中除背景之外的所有图层，按Ctrl+J组合键复制图层，按Ctrl+E组合键合并图层，将原先文字图层创建新组并隐藏，如图11-27所示。

步骤 18 创建图层蒙版，选择矩形选框工具绘制选框图形并填充黑色，如图11-28所示。

图 11-27

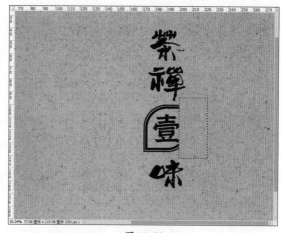

图 11-28

步骤 19 选择竖排文字工具输入文字并设置参数，如图11-29、图11-30所示。

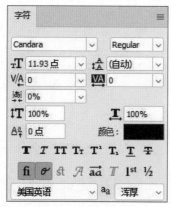

图 11-29

图 11-30

步骤 20 选中文字图层，按Ctrl+T组合键自由变换，然后调整大小，如图11-31所示。

步骤 21 拖动置入素材，如图11-32所示。

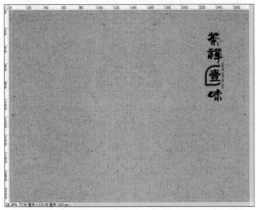

图 11-31

图 11-32

步骤 22 单击背景图的锁定图标将其转换为普通图层，如图11-33所示。

步骤 23 选择魔棒工具，设置"容差"为20，单击背景，按Delete键删除选区后取消选区，效果如图11-34所示。

图 11-33

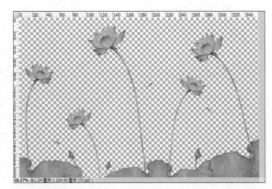

图 11-34

步骤 24 将其移动到宣传册文档中，调整图层显示大小，在"图层"面板中将混合模式设置为"正片叠底"，效果如图11-35所示。

步骤 25 选择套索工具绘制选区，如图11-36所示。

图 11-35

图 11-36

步骤 26 按Ctrl+X组合键剪切，按Ctrl+V组合键粘贴，按Ctrl+T组合键自由变换，然后调整显示大小，右击鼠标，在弹出的快捷菜单中选择"水平翻转"命令，如图11-37所示。

步骤 27 拖动置入素材，设置图层混合模式为"正片叠底"，如图11-38所示。

图 11-37

图 11-38

步骤 28 选择横排文字工具输入文字，如图11-39所示。

步骤 29 制作完成的封面效果如图11-40所示。

图 11-39

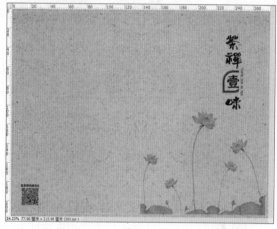

图 11-40

11.2.2 制作宣传册内页

宣传册的内页要与宣传册的封面风格一致，简单明了，内页宣传信息的文字字体、颜色根据宣传册的风格来定。

1. 宣传册 内页 1

步骤 01 在文档的文件标题栏右击，在弹出的快捷菜单中选择"复制"命令，在弹出的对话框中设置参数，如图11-41所示。

步骤 02 删除部分图层，效果如图11-42所示。

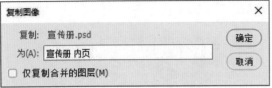

图 11-41

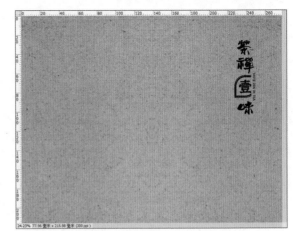

图 11-42

步骤03 在"背景"组中删除"色阶"调整图层，如图11-43所示。

步骤04 创建"曲线"调整图层，在"属性"面板中设置参数，如图11-44所示。

图 11-43

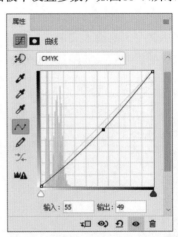

图 11-44

步骤05 设置完成后的效果如图11-45所示。

步骤06 选择矩形选框工具绘制矩形选区，如图11-46所示。

图 11-45

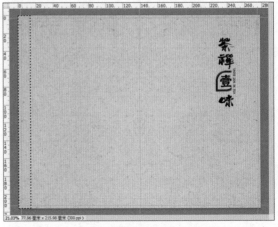

图 11-46

步骤 07 创建"色相/饱和度"调整图层,在"属性"面板中设置参数,如图11-47、图11-48所示。

 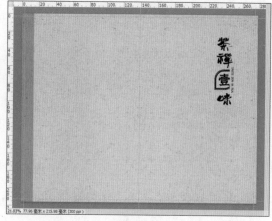

图 11-47

图 11-48

步骤 08 锁定背景图层组,调整文字显示效果,如图11-49所示。

步骤 09 将圆角矩形图层先转换为智能对象图层后再栅格化图层,如图11-50所示。

 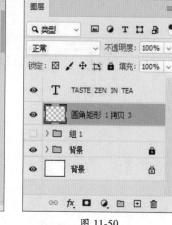

图 11-49

图 11-50

步骤 10 选择矩形选框工具,框选"壹",剪切后再粘贴,如图11-51所示。

步骤 11 调整"壹"字的大小并更改图层样式,填充颜色为白色,如图11-52所示。

图 11-51

图 11-52

步骤 12 选择除"壹"以外的图层创建组，然后创建纯色填充图层并创建剪贴蒙版，如图11-53、图11-54所示。

图 11-53

图 11-54

步骤 13 选择所有图层、组，创建组并重命名，如图11-55所示。

步骤 14 拖动置入素材并调整大小，如图11-56所示。

图 11-55

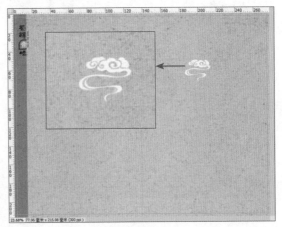

图 11-56

步骤 15 使用文字工具输入两组文字，如图11-57所示。

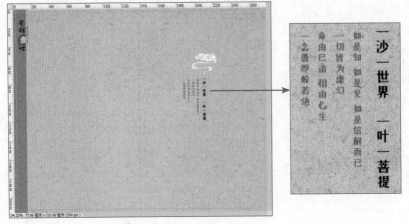

图 11-57

步骤 16 拖动置入素材并调整大小,如图11-58所示。

步骤 17 创建"色阶"调整图层,在"属性"面板中设置参数,按Ctrl+Shift+G组合键创建剪贴蒙版,如图11-59所示。

图 11-58

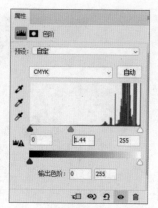

图 11-59

步骤 18 创建"色相/饱和度"调整图层,在"属性"面板中设置参数,按Ctrl+Shift+G组合键创建剪贴蒙版,如图11-60、图11-61所示。

图 11-60

图 11-61

2. 宣传册 内页 2

步骤 01 选中除"内页背景"组之外所有的图层,创建新组并重命名为"内页1",单击隐藏该组,如图11-62、图11-63所示。

图 11-62

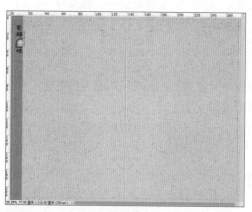

图 11-63

步骤 02 拖动打开素材文档，选择钢笔工具沿边缘创建选区，如图11-64所示。

步骤 03 按Ctrl+Enter组合键创建选区，按Ctrl+J组合键复制选区并移动到"宣传册 内页"文档中，如图11-65所示。

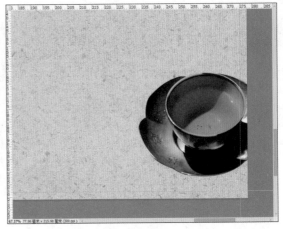

图 11-64   图 11-65

步骤 04 创建"曲线"调整图层，在"属性"面板中设置参数，如图11-66所示。

步骤 05 按Ctrl+Shift+G组合键创建剪贴蒙版，如图11-67所示。

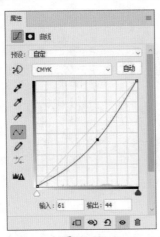

图 11-66   图 11-67

步骤 06 选择画笔工具，在选项栏中设置参数，如图11-68所示。

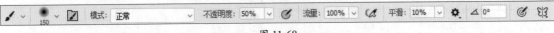

图 11-68

步骤 07 设置前景色为黑色，新建图层并调整图层顺序，绘制阴影，如图11-69所示。

步骤 08 选择横排文字工具，拖动创建文本框，如图11-70所示。

步骤 09 打开文档"内页2"记事本，按Ctrl+A组合键全选，按Ctrl+C组合键复制，如图11-71所示。

步骤 10 按Ctrtl+V组合键粘贴，在"字符"面板和"段落"面板中设置参数，如图11-72、图11-73所示。

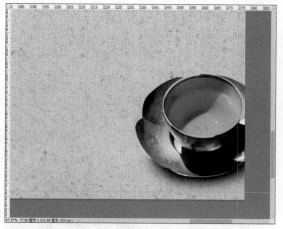

图 11-69

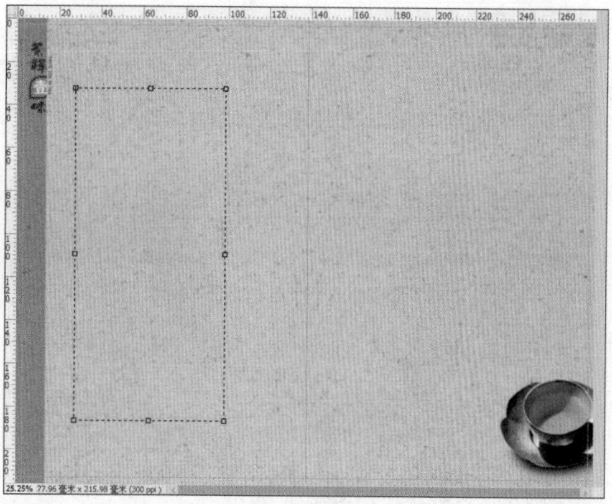

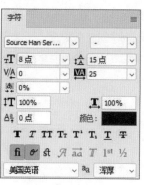

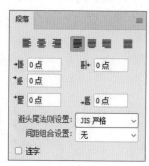

图 11-70

石门自古就产茶。
中亚热带向北亚热带过渡的季风，给这里的苍山翠岭扫描出潮润氤氲的云雾烟岚。
“云雾山中出好茶。”这句古老谚语，便为石门成就为名茶之乡作了铺垫。
从壶瓶山到夹山，几乎山山都有上好的茶。位于夹山西北麓的八坪，就是古代贡品牛牴茶的产地。
早在宋代，牛牴茶便跻身唐宋八大贡茶之列。
北宋蔡襄于皇祐年间著述的《茶录》一书中，便有“石门产牛牴茶，为贡品”的记载。
当代茶学界泰斗陈宗懋先生主编的《中国茶经》中则较为详细地写道：“牛牴茶早在宋代已被列为贡品。元明以来，每年茶季前，朝廷都要派员到牛牴茶产地监督采制，制后全部运至京城。”
有好茶自然不乏品茗人，石门的茶文化遂与饮茶的历史同步而生。虽说其年代已无从考稽，但在中华茶文化史上，偏居一隅的石门却写下了骄人的篇章。
拂开岁月的积尘，我们不难去发现，被誉为茶饮文化最高境界的“茶禅一味”，便源于石门夹山。
夹山为石门县城南郊之十九峰的最后一峰，东接古称“神仙窟宅”的澧阳平原，西衔横亘湘鄂川边境的武陵山，水碧山青，人文荟萃。
早在唐咸通十一年（公元870），高僧善会云游而来，恰逢群猿母子相拥、嬉戏于青山樟林里，目击众鸟衔花竞飞、纷投放于碧波清泉中，此情此景，正与其师临别前所赠的偈语“猿抱子归青嶂岭，鸟衔花落碧岩泉”相吻合，遂滞留下来，开山建庙，大启丛林。

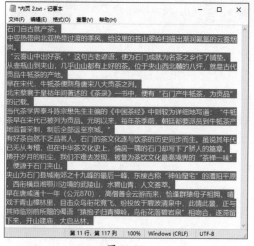

图 11-71

图 11-72

图 11-73

步骤 11 设置完成后的效果如图11-74所示。

步骤 12 选中除组之外所有的图层，创建新组并重命名为“内页2”，单击隐藏该组，如图11-75所示。

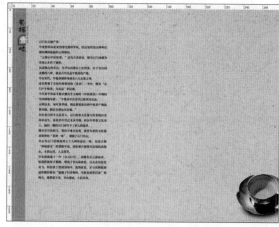

图 11-74

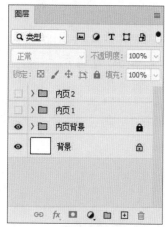

图 11-75

3. 宣传册 内页 3

步骤 **01** 拖动打开素材文档，选择磁性套索工具沿边缘创建选区，如图11-76所示。

步骤 **02** 按Ctrl+J组合键复制选区并移动到"宣传册 内页"文档中，如图11-77所示。

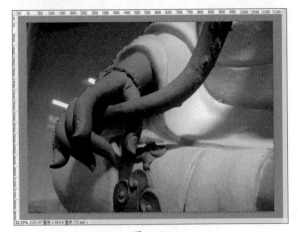

图 11-76

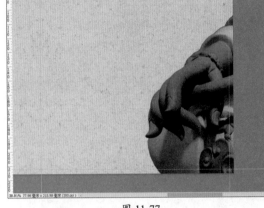

图 11-77

步骤 **03** 创建"曲线"调整图层，在"属性"面板中设置参数，如图11-78所示。

步骤 **04** 按Ctrl+Shift+G组合键创建剪贴蒙版，如图11-79所示。

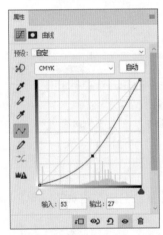

图 11-78

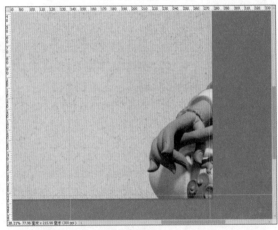

图 11-79

步骤 **05** 复制"内页2"组中的文字图层并移动至最顶层，如图11-80所示。

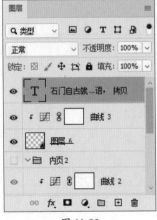

图 11-80

步骤06 复制"内页3"记事本中的文字,在文本框中全选后粘贴覆盖,调整段间距,最终效果如图11-81所示。

图 11-81

4. 宣传册 内页 4

步骤01 选中除组之外所有的图层,创建新组并重命名为"内页3",如图11-82所示。

步骤02 隐藏该组,按Ctrl+J组合键复制图层组,显示并重命名,如图11-83所示。

图 11-82

图 11-83

步骤03 拖动打开素材文档,选择钢笔工具沿边缘创建选区,如图11-84所示。

图 11-84

步骤 04 按Ctrl+J组合键，复制选区并移动到"宣传册 内页"文档中，按Ctrl+T组合键自由变换，然后调整至合适大小与位置，如图11-85所示。

步骤 05 创建"色相/饱和度"调整图层，在"属性"面板中设置参数，按Ctrl+Shift+G组合键创建剪贴蒙版，如图11-86所示。

| 图 11-85 | 图 11-86 |

步骤 06 创建"色阶"调整图层，在"属性"面板中设置参数，按Ctrl+Shift+G组合键创建剪贴蒙版，如图11-87、图11-88所示。

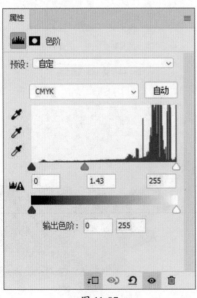

| 图 11-87 | 图 11-88 |

步骤 07 调整大小，效果如图11-89所示。

步骤 08 选择画笔工具，设置前景色为黑色，新建图层并调整图层顺序，绘制阴影，如图11-90所示。

图 11-89   图 11-90

步骤 09 使用相同的方法，复制文字图层后将"内页4"记事本中的内容在文本框中进行粘贴，如图11-91所示。

步骤 10 在"段落"面板中更改"避头尾法则设置"为"JIS严格"，如图11-92所示。

图 11-91   图 11-92

5. 宣传册 内页 5

步骤 01 选中除组之外所有的图层创建新组并重命名为"内页3"，单击隐藏该组，按Ctrl+J组合键复制图层组，显示并重命名，如图11-93所示。

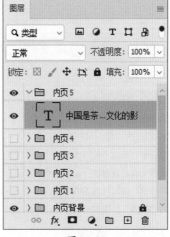

图 11-93

步骤 02 删除部分图层，如图11-94所示。

图 11-94

步骤 03 复制并粘贴文档"内页4"记事本中的前两段文字（三国以前茶文化和晋代茶文化），调整文本框宽度，如图11-95所示。

步骤 04 按住Alt键移动复制文本框，分别复制并粘贴"内页4"记事本中剩余的文字（隋唐茶文化、宋代茶文化、元代茶文化以及明清茶文化），对文本框中的内容进行替换，如图11-96所示。

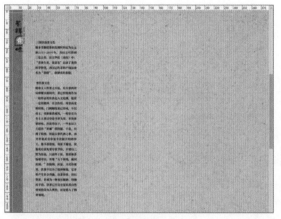

图 11-95

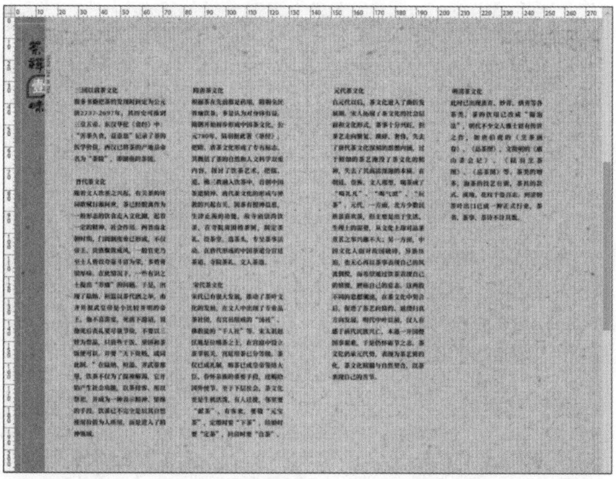

图 11-96

步骤 05 选择矩形工具绘制矩形，调整该图层顺序并更改小标题文字颜色，如图11-97所示。

步骤 06 对剩下的小标题执行相同的操作，如图11-98所示。

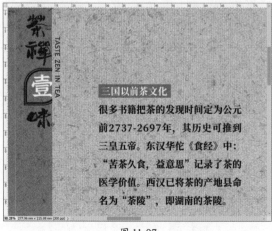

图 11-97

图 11-98

步骤 07 拖动置入素材并调整大小，放置在右下角，如图11-99所示。

步骤 08 调整图层混合模式为"深色"并创建图层蒙版，如图11-100所示。

图 11-99

图 11-100

步骤 09 将前景色设置为黑色，使用画笔工具涂抹调整显示，如图11-101所示。

步骤 10 最终效果如图11-102所示。

图 11-101

图 11-102

第 **12** 章

创意图像的合成

内容导读

　　商业平面设计大多数都会用到图像合成技术。图像合成属于视觉创意的分支，通过大量的素材进行拼接合成，合成图像是否出色，取决于造型、亮度、色彩、光线、环境等。注意元素之间的相互搭配，才会使合成的作品具有真实感。

要点难点

● 掌握图层蒙版的使用
● 掌握变形文字的使用
● 掌握剪贴蒙版的使用
● 掌握画笔工具的使用

12.1 设计思想 //

本章主要是为了激发幼儿学习英文的动力，通过梦幻背景的制作、文字的变形以及图像的抠取与合成制作一个字母生态小岛，将枯燥的字母变得生动有趣。

1. 设计思路 ──

（1）整体风格梦幻、有趣。

（2）背景云雾缭绕，海天一体。

（3）创建字母海岛并用绿植、动物填充。

2. 效果呈现 ──

该设计各主体部分的效果及最终合成效果如图12-1所示。

图 12-1

12.2 实现过程 //

创建纯色背景后，添加各种素材，拼合出背景与文字海岛主体，然后调整显示效果，注意图层之间的顺序，物体之间的前后关系。下面将进行具体的介绍。

12.2.1 制作天空背景

创建纯色背景后添加效果，置入文件后对素材进行变换、渐变、调整色调等，合成美观、自然的梦幻背景。

步骤 01 按Ctrl+N组合键新建文档，设置其宽度为297mm，高度为210mm，分辨率为300dpi，单击"创建"按钮完成创建。接着设置前景色（C：30，M：35，Y：0，K：0），使用油漆桶工具单击填充，如图12-2所示。

步骤 02 拖动置入素材,如图12-3所示。

图 12-2

图 12-3

步骤 03 按Ctrl+M组合键,在弹出的"曲线"对话框中设置参数,如图12-4所示。

步骤 04 在"图层"面板中单击"添加图层蒙版"按钮创建蒙版,如图12-5所示。

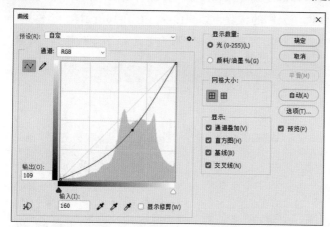

图 12-4

图 12-5

步骤 05 设置前景色为黑色,选择画笔工具涂抹调整显示,如图12-6所示。

步骤 06 置入素材并调整显示大小,如图12-7所示。

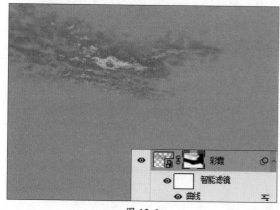

图 12-6

图 12-7

步骤 **07** 按住Alt键复制云并调整显示大小，如图12-8所示。

图 12-8

步骤 **08** 选择所有云图层，按Ctrl+J组合键复制，按Ctrl+T组合键自由变换，右击鼠标，在弹出的快捷菜单中选择"水平翻转"命令，调整云彩的位置，如图12-9、图12-10所示。

图 12-9

图 12-10

步骤 **09** 按住Alt键复制"云 拷贝5"图层，使用画笔工具调整显示，如图12-11、图12-12所示。

图 12-11

图 12-12

步骤 10 创建"色彩平衡"调整图层，在"属性"面板中设置参数，如图12-13、图12-14所示。

图 12-13

图 12-14

步骤 11 选择画笔工具，设置"不透明度"为10%，调整显示，如图12-15、图12-16所示。

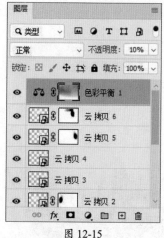

图 12-15

图 12-16

步骤 12 拖动置入素材并调整大小，如图12-17所示。

步骤 13 按Ctrl+B组合键，在弹出的"色彩平衡"对话框中设置参数，如图12-18所示。

图 12-17

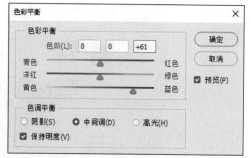

图 12-18

步骤 14 按住Alt键移动复制图层，如图12-19所示。

步骤 15 分别添加图层蒙版调整显示，如图12-20所示。

图 12-19

图 12-20

12.2.2　制作主体部分

先导入主体岛屿，再创建立体文字，最后置入装饰素材，添加蒙版对其不需要的部分进行隐藏。

1. 添加主体岛屿

步骤 01 拖动置入素材并调整大小，如图12-21所示。

步骤 02 创建图层蒙版，使用画笔工具调整显示，如图12-22所示。

图 12-21

图 12-22

步骤 03 拖动置入素材，调整大小，调整图层顺序，如图12-23、图12-24所示。

图 12-23

图 12-24

2. 创建立体文字

步骤 01 输入文字并设置参数，如图12-25、图12-26所示。

图 12-25

图 12-26

步骤 02 按住Alt键复制文字，更改文字，如图12-27所示。

步骤 03 调整图层顺序和图层内容的摆放位置，如图12-28所示。

图 12-27

图 12-28

步骤 04 在文字工具状态下，选择"ABCDE"，在选项栏中单击"创建文字变形"按钮 工，在弹出的对话框中设置参数，如图12-29所示。

步骤 05 单击"确定"按钮，效果如图12-30所示。

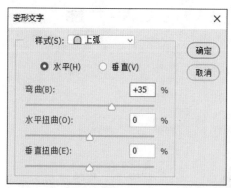

图 12-29

图 12-30

步骤 06 使用相同的方法对剩下的文字分别弯曲16%、6%，效果如图12-31、图12-32所示。

图 12-31

图 12-32

步骤 07 选择三组变形图层，按Ctrl+J组合键复制图层，按Ctrl+E组合键合并图层，将原来的三组变形图层创建新组并隐藏，如图12-33所示。

步骤 08 按Ctrl+T组合键自由变换，按住Shift键水平调整，如图12-34所示。

图 12-33

图 12-34

步骤 09 右击鼠标，在弹出的快捷菜单中选择"变形"命令，效果如图12-35所示。

步骤 10 双击该图层，在弹出的对话框中设置参数，如图12-36所示。

图 12-35

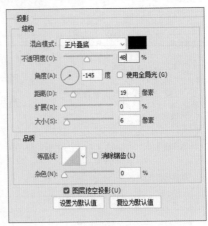

图 12-36

步骤 **11** 设置投影后的效果如图12-37所示。

步骤 **12** 在图层"投影"处右击鼠标，在弹出的快捷菜单中选择"创建图层"命令，如图12-38所示。

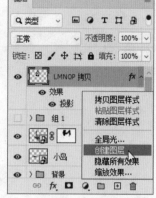

图 12-37   图 12-38

步骤 **13** 选择投影图层，按Ctrl+T组合键自由变换，按住Alt键分别拖动四个端点调整，如图12-39、图12-40所示。

图 12-39   图 12-40

步骤 **14** 拖动置入素材并调整大小，如图12-41所示。

步骤 **15** 按Ctrl+J组合键复制图层，如图12-42所示。

图 12-41   图 12-42

步骤 16 按住Ctrl键单击"LMNOP拷贝"缩览图创建选区，如图12-43所示。

步骤 17 执行"图像"|"调整"|"亮度/对比度"命令，设置"亮度"为40，效果如图12-44所示。

图 12-43

图 12-44

步骤 18 选择"纹理"图层，按住Ctrl键单击"LMNOP拷贝"缩览图创建选区，执行"图像"|"调整"|"亮度/对比度"命令，设置"亮度"为-126，"对比度"为-50，效果如图12-45所示。

步骤 19 分别选择"纹理"和"纹理 拷贝"图层，右击鼠标，在弹出的快捷菜单中选择"转换为图层"命令，如图12-46所示。

图 12-45

图 12-46

步骤 20 选择"纹理"图层，按住Ctrl键单击LMNOP缩览图创建选区，按Ctrl+Shift+I组合键反选，按Delete键删除选区，按Ctrl+D组合键取消选区，如图12-47所示。

步骤 21 选择"纹理 拷贝"图层，按住Ctrl键单击"'LMNOP拷贝'的投影"缩览图创建选区，按Ctrl+Shift+I组合键反选，按Delete键删除选区，按Ctrl+D组合键取消选区，如图12-48所示。

步骤 22 设置前景色（C：79，M：77，Y：74，K：53），新建图层，使用钢笔工具沿立体文字绘制路径，如图12-49所示。

步骤 23 按Ctrl+Enter组合键创建选区，按Alt+Delete组合键填充前景色，如图12-50所示。

图 12-47

图 12-48

图 12-49

图 12-50

3. 装饰文字墙体

步骤 01 拖动置入素材并调整大小，如图12-51所示。

步骤 02 创建图层蒙版，使用画笔工具擦除部分图像，如图12-52所示。

图 12-51

图 12-52

步骤 **03** 按Ctrl+J组合键复制图层并调整显示，如图12-53所示。

步骤 **04** 拖动置入素材并调整大小，创建图层蒙版后擦除部分图像，如图12-54所示。

图 12-53

图 12-54

步骤 **05** 设置前景色（C：79，M：71，Y：86，K：53），选择画笔工具，设置不透明度为47%。新建图层，绘制草坪的衔接处使其更加自然，如图12-55所示。

步骤 **06** 拖动置入素材并调整显示大小，将素材复制四次并调整显示大小与方向，如图12-56所示。

图 12-55

图 12-56

步骤 **07** 拖动置入素材并调整大小，如图12-57所示。

步骤 **08** 拖动不同的树素材，调整大小和摆放位置，如图12-58所示。

图 12-57

图 12-58

步骤 09 拖动置入素材并调整大小，按住Alt键移动复制素材填满立体文字背景，如图12-59所示。

步骤 10 拖动不同的树素材，调整大小和摆放位置，如图12-60所示。

图 12-59

图 12-60

步骤 11 按住Alt键单击 ▢ 按钮创建蒙版，如图12-61所示。

步骤 12 设置前景色为白色，涂抹显示合成石壁上草的效果，如图12-62所示。

图 12-61

图 12-62

步骤 13 拖动置入素材并调整大小，创建图层蒙版后擦除部分图像，如图12-63、图12-64所示。

图 12-63

图 12-64

步骤 14 拖动置入素材并调整大小，按住Alt键创建图层蒙版后擦除部分图像，如图12-65、图12-66所示。

图 12-65

图 12-66

步骤 15 选择立体文字和装饰图层向下移动，与素材小岛草地贴合，如图12-67所示。

步骤 16 置入树、草坪等素材进行装饰，如图12-68所示。

图 12-67

图 12-68

步骤 17 拖动置入大象并调整大小，新建图层，使用画笔工具创建阴影，如图12-69所示。

步骤 18 使用相同的方法置入长颈鹿并添加阴影，如图12-70所示。

图 12-69

图 12-70

步骤 19 选择所有图层创建新组，创建"色阶"调整图层，在"属性"面板中设置参数，如图12-71所示。

步骤 20 按Ctrl+Shift+G组合键创建剪贴蒙版，如图12-72所示。

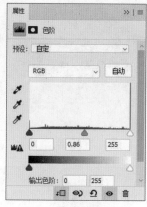

图 12-71

图 12-72

12.2.3　营造整体氛围

添加云素材，通过云层的叠加，增强其立体感。通过画笔工具，绘制颜色，调整图层的不透明度，增加光感与暗部，使画面感更加自然。

步骤 01 打开素材文档"云"，如图12-73所示。

步骤 02 将云素材移动到"创意合成"文档中，调整其大小和显示位置，如图12-74所示。

图 12-73

图 12-74

步骤 03 新建图层，设置前景色（C：33，M：36，Y：13，K：0），选择画笔工具，设置"大小"为360像素，按住Shift键绘制水平直线，如图12-75所示。

步骤 04 调整"不透明度"为30%，创建图层蒙版，将前景色设置为黑色，涂抹擦除直线与岛屿重合的部分图像，如图12-76所示。

步骤 05 新建图层，设置前景色（C：33，M：36，Y：13，K：0），选择画笔工具，设置"大小"为360像素，绘制选区，如图12-77所示。

步骤 06 调整"不透明度"为16%，创建图层蒙版，将前景色设置为黑色，涂抹擦除选区与岛屿重合的部分图像，如图12-78所示。

图 12-75

图 12-76

图 12-77

图 12-78

学 习 心 得

参 考 文 献

[1] 姜洪侠，张楠楠. Photoshop CC 图形图像处理标准教程 [M]. 北京：人民邮电出版社，2016.

[2] 周建国. Photoshop CC 图形图像处理标准教程 [M]. 北京：人民邮电出版社，2016.

[3] 孔翠，杨东宇，朱兆曦. 平面设计制作标准教程 Photoshop CC + Illustrator CC [M]. 北京：人民邮电出版社，2016.

[4] 沿铭洋，聂清彬. Illustrator CC 平面设计标准教程 [M]. 北京：人民邮电出版社，2016.